U0149983

"十三五"国家重点出版物出版规划项目

高分辨率对地观测前沿技术丛书

主编 王礼恒

临近空间

再生能源系统技术

韩 喻 杨希祥 杨 洋 等编著

国防工业出版社

·北京·

内 容 简 介

目前,临近空间跨接传统航空与航天领域的开发和利用已成为各航空航天大国发展战略的重点,但是鉴于特殊的临近空间环境以及跨昼夜长航时等特点,临近空间低速飞行器对能源系统性能的需求与其他应用存在明显的差异。本书从临近空间环境,临近空间低速飞行器能源需求,适用于临近空间低速飞行器的再生能源系统,以及太阳能电池、储能电池、燃料电池技术等几个方面,结合实际研制开发过程,梳理总结了临近空间低速飞行器再生能源系统关键技术脉络以及相关技术的发展。

本书汇集了"十二五"和"十三五"期间部分临近空间再生能源技术的国内外最新研究成果,适用于从事临近空间低速飞行器设计、研制、试验、应用的科研人员、工程技术人员以及管理工作者学习参考,也可作为高等学校有关专业的教师、研究生、高年级本科生的教学参考用书。

图书在版编目(CIP)数据

临近空间再生能源系统技术/韩喻等编著.—北京:
国防工业出版社,2022.3
(高分辨率对地观测前沿技术丛书)
ISBN 978 - 7 - 118 - 12378 - 4

Ⅰ.①临⋯ Ⅱ.①韩⋯ Ⅲ.①低速度—飞行器—再生
能源—研究 Ⅳ.①V47

中国版本图书馆 CIP 数据核字(2022)第 025727 号

※

国防工业出版社出版发行
(北京市海淀区紫竹院南路 23 号 邮政编码 100048)
雅迪云印(天津)科技有限公司印刷
新华书店经售

*

开本 710×1000 1/16 印张 11¼ 字数 165 千字
2022 年 3 月第 1 版第 1 次印刷 印数 1—2000 册 定价 66.00 元

国防书店:(010)88540777   书店传真:(010)88540776
发行业务:(010)88540717   发行传真:(010)88540762

丛书学术委员会

丛书编审委员会

序 言

　　高分辨率对地观测系统工程是《国家中长期科学和技术发展规划纲要（2006—2020 年)》部署的 16 个重大专项之一,它具有创新引领并形成工程能力的特征,2010 年 5 月开始实施。高分辨率对地观测系统工程实施十年来,成绩斐然,我国已形成全天时、全天候、全球覆盖的对地观测能力,对于引领空间信息与应用技术发展,提升自主创新能力,强化行业应用效能,服务国民经济建设和社会发展,保障国家安全具有重要战略意义。

　　在高分辨率对地观测系统工程全面建成之际,高分辨率对地观测工程管理办公室、中国科学院高分重大专项管理办公室和国防工业出版社联合组织了《高分辨率对地观测前沿技术》丛书的编著出版工作。丛书见证了我国高分辨率对地观测系统建设发展的光辉历程,极大丰富并促进了我国该领域知识的积累与传承,必将有力推动高分辨率对地观测技术的创新发展。

　　丛书具有 3 个特点。一是系统性。丛书整体架构分为系统平台、数据获取、信息处理、运行管控及专项技术 5 大部分,各分册既体现整体性又各有侧重,有助于从各专业方向上准确理解高分辨率对地观测领域相关的理论方法和工程技术,同时又相互衔接,形成完整体系,有助于提高读者对高分辨率对地观测系统的认识,拓展读者的学术视野。二是创新性。丛书涉及国内外高分辨率对地观测领域基础研究、关键技术攻关和工程研制的全新成果及宝贵经验,吸纳了近年来该领域数百项国内外专利、上千篇学术论文成果,对后续理论研究、科研攻关和技术创新具有指导意义。三是实践性。丛书是在已有专项建设实践成果基础上的创新总结,分册作者均有主持或参与高分专项及其他相关国家重大科技项目的经历,科研功底深厚,实践经验丰富。

　　丛书 5 大部分具体内容如下:**系统平台部分**主要介绍了快响卫星、分布式卫星编队与组网、敏捷卫星、高轨微波成像系统、平流层飞艇等新型对地观测平台和系统的工作原理与设计方法,同时从系统总体角度阐述和归纳了我国卫星遥感的现状及其在 6 大典型领域的应用模式和方法。**数据获取部分**主要介绍了新型的星载/机载合成孔径雷达、面阵/线阵测绘相机、低照度可见光相机、成像光谱仪、合成孔径激光成像雷达等载荷的技术体系及发展方向。**信息处理部分**主要介绍了光学、微波等多源遥感数据处理、信息提取等方面的新技术以及地理空间大数据处理、分析与应用的体系架构和应用案例。**运行管控部分**主要介绍了系统需求统筹分析、星地任务协同、接收测控等运控技术及卫星智能化任务规划，并对异构多星多任务综合规划等前沿技术进行了深入探讨和展望。**专项技术部分**主要介绍了平流层飞艇所涉及的能源、囊体结构及材料、推进系统以及位置姿态测量系统等技术，高分辨率光学遥感卫星微振动抑制技术、高分辨率 SAR 有源阵列天线等技术。

丛书的出版作为建党 100 周年的一项献礼工程，凝聚了每一位科研和管理工作者的辛勤付出和劳动，见证了十年来专项建设的每一次进展、技术上的每一次突破、应用上的每一次创新。丛书涉及 30 余个单位，100 多位参编人员，自始至终得到了军委机关、国家部委的关怀和支持。在这里，谨向所有关心和支持丛书出版的领导、专家、作者及相关单位表示衷心的感谢！

高分十年，逐梦十载，在全球变化监测、自然资源调查、生态环境保护、智慧城市建设、灾害应急响应、国防安全建设等方面硕果累累。我相信，随着高分辨率对地观测技术的不断进步，以及与其他学科的交叉融合发展，必将涌现出更广阔的应用前景。高分辨率对地观测系统工程将极大地改变人们的生活，为我们创造更加美好的未来！

王礼恒

2021 年 3 月

前 言

　　临近空间处于航空器的飞行高度和航天器的轨道高度之间,跨接航空与航天领域,对其进行开发和利用已成为各大国航空航天发展战略的重点。平流层飞艇和高空长航时太阳能飞机是两类典型的临近空间低速飞行器,具有留空时间长、覆盖区域广、可灵活机动、区域驻留、可重复使用、低成本等特点,在通信中继、森林火警、大气污染防治、导航定位、空中交通管制等众多领域有着广泛的应用价值和潜力。但是,因处于临近空间环境以及跨昼夜长航时工作等特点,临近空间低速飞行器对能源系统性能的需求与其他应用存在明显的差异,这也导致相关的太阳电池、储能电池等需突破的关键技术与面向常规应用的不同。目前,轻质高能的能源供给仍是制约临近空间低速飞行器发展的关键技术瓶颈之一。

　　本书从临近空间环境,临近空间低速飞行器能源需求,适用于临近空间低速飞行器的再生能源系统设计,以及太阳能、储能电池、燃料电池等技术进展几个方面,依据实际研制开发过程梳理总结了针对临近空间低速飞行器的再生能源系统关键技术脉络以及相关技术发展,汇集了"十二五"期间和"十三五"期间部分临近空间再生能源技术的国内研究成果。

　　全书分为5章。第1章临近空间与临近空间低速飞行器,主要介绍临近空间概念及其环境特点,重点介绍现有临近空间低速飞行器的能源系统情况;第2章临近空间低速飞行器能源系统,根据临近空间飞行器总体设计对能源系统的需求分析,依据再生能源系统设计方法,分解各分系统需求及介绍可选择的技术路线,并对临近空间再生能源系统进行建模仿真;第3章和第4章主要依据实际研制开发过程并结合技术成熟度分析,梳理总结了临近空间飞行器再生能源系统包含的太阳电池分系统、储能电池分系统、再生燃料电池分系统中涉及的关键技术树状结构,并介绍了相关关键技术国内研究成果;第5章新一代能源技术,主要介绍具有代表性的几种有望用于临近空间飞行器的下一代能源技术。

本书由国防科技大学韩喻、杨希祥负责全书统稿;上海空间电源研究所杨洋参与撰写了第 1~3、5 章;中国科学院空天信息创新研究院徐国宁,上海空间电源研究所王涛参与撰写了第 1、2 章;中国电子科技集团公司第十八研究所乔在祥,上海空间电源研究所张玮、贾巍参与撰写了第 3 章;中国电子科技集团公司第十八研究所潘磊、谭玲生,上海空间电源研究所潘延林、王可参与撰写了第 4 章;国防科技大学王珲参与撰写了第 5 章。另外,第 4 章中部分内容源于本书编者与国防科技大学洪晓斌、军事科学院王维坤、中国航天科技集团公司六院王兆斌、中国航天员科研训练中心周抗寒、中国科学院大连化学物理研究所邵志刚合作完成的锂硫电池技术成熟度报告和再生燃料电池系统技术成熟度报告,在此特向他们的支持表示感谢。

在本书编写过程中,还参考了国内外有关文献资料,引用了文献资料中的部分内容、图表和数据,在此特向这些文献的作者表示诚挚的谢意。

本书的出版得到了国防工业出版社和国防科技大学空天科学学院的支持,在此表示衷心地感谢。

由于时间关系,书中难免存在疏漏和不足之处,敬请国内外同行和广大读者予以指正。

编著者

2021 年 1 月

目　录

第1章

临近空间与临近空间低速飞行器

1.1　临近空间

人类对自然环境的拓展和利用,经历了从陆地到海洋、到空中、再到太空的过程。近20年来,随着科学技术发展和人类对大气环境认知的深化,处于传统航空与航天过渡区域的临近空间受到高度重视,成为各国竞相抢占的新兴战略领域。

1.1.1　临近空间概念

地球大气层按温度随高度的变化特征,自地面向上可依次分为对流层、平流层、中间层、热层和外大气层[1]。对流层是地球大气的最低层,中纬度地区上界平均高度约 10 ~ 12km,不同纬度地区存在较大差异,气温随高度递减,对流层上界(对流层顶)气温最低;自对流层顶到 50 ~ 55km 高度附近为平流层,臭氧含量高,吸收大量太阳紫外线,使气温升高,导致该层内气温随高度递增呈逆温分布,平流层顶气温达最高;从平流层顶到85km 高度附近为中间层,气温随高度增加而降低,中间层存在强烈对流运动,又称为高空对流层;从中间层顶至 300 ~ 500km 高度为热层,随高度增加气温迅速升高,热层空气密度很小,在太阳紫外线和宇宙射线的作用下,氧分子和部分氮分子被分解,而且处于高度电离状态,因此热层又称为电离层;热层顶以上的大气层称为外大气层。

临近空间又称为近空间,是指高于传统航空器飞行器高度,低于传统航天器轨道高度的空天结合区域,一般认为其高度距地面 20 ~ 100km,包括平流层的大部、中间层的全部和热层的底部。

1.1.2　临近空间环境特点

临近空间独特的环境特征对临近空间飞行器系统与运行具有重要影响。对飞行器能源系统而言,在诸多环境因素中,温度、压力、臭氧和紫外辐射影响较大。例如,能源系统中的储能组件性能对温度较敏感,目前经常使用的锂离子电池在低于 $-40℃$ 环境温度时放电能力下降20%以上,而当温度下降至一定程度时甚至无法工作。再如,昼夜温度差以及向、背阳面的温差,要求太阳电池组件使用的材料可适应温度骤变,否则材料易发脆失效;低气压会导致储能组件性能下降,增加太阳电池组件低压放电风险;臭氧和紫外环境会对直接暴露于临近空间环境中的太阳电池组件材料造成损伤。

临近空间范围内,平流层环境不存在对流层那样强烈的对流运动,气象条件和电磁特性较为稳定,大气以水平运动为主,夏季中高纬度地区,高层的东风环流和低层的西风环流之间存在一个风速较弱的低速风带,特别适合飞行器以较小能源代价实现长时工作,是当前临近空间领域研究和应用的重点。下面重点介绍平流层的环境特征[2]。

1. 温度特征

在平流层底部,温度随高度变化较小,随纬度增加,保持温度变化较小的高度区域增大;随后温度随高度上升,平均气温垂直递减率为 $-3 \sim -2℃/km$,在平流层顶部温度可达 $-17 \sim -3℃$,而且年平均气温随纬度增加而升高(图1-1)。高纬度地区温度受季节影响较低纬度地区更为明显。同时,平流层昼夜温差变化很大,范围为 $-75 \sim -30℃$。

2. 大气压力特征

地球大气压力随高度呈指数递减,距离地面 $0 \sim 80km$ 高度范围内,年平均气压从 $1.01 \times 10^5 Pa$ 降至 $1.0 Pa$ 左右。在 $20km$ 高度附近,大气压力约为 $5 \times 10^3 Pa$,约为地面大气压力的5%。年平均气压随纬度增加而减小这种差异随高度增加迅速减缓。高纬度地区气压受季节影响较低纬度地区显著,但随高度增加,季节影响逐渐变小。

3. 臭氧特征

臭氧是平流层中最重要的微量成分。其产生是因为氧气分子吸收太阳光谱中紫外光的能量分解为氧原子,氧原子在不参与反应的第三方分子(如氮分子)作用下,可联合一个氧分子生成一个臭氧分子。同时,臭氧分子也可以吸收光能分解为一个氧分子和一个氧原子。在一定条件下上述反应达到平衡后,臭氧浓度相对稳定。

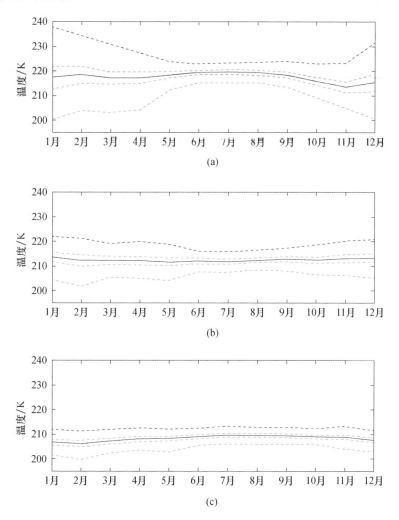

图 1-1　不同纬度、不同季节平均气温垂直廓线（高度 21km）

(a)50.25°N；(b)36°N；(c)21°N。

（温度气候态分布,实线为平均值,虚线从下至上分别为最小值、25%、75% 和最大值）

　　臭氧最大浓度出现的高度随季节和纬度变化（图 1-2）。春、夏、秋季臭氧最大浓度出现的高度约在 24km,冬季臭氧最大浓度出现的高度约在 21km。臭氧最大浓度的高度与临近空间低速飞行器的主要活动高度重合,纬度较低的位置臭氧浓度相对更低。根据北半球中纬度臭氧分布数据,22km 高度臭氧浓度约 4.43×10^{12} 个/cm^3,折合 353μg/m^3。

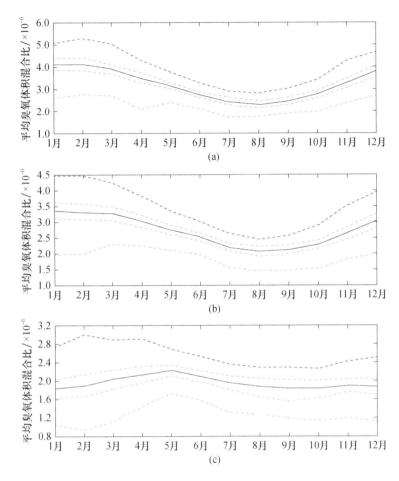

图 1-2　平均臭氧体积混合比随纬度和季节的变化（高度 21km）

（a）50.25°N；（b）36°N；（c）21°N。

（实线为平均值，虚线从下至上分别为最小值、25%、75%和最大值）

4. 紫外辐射特征

紫外辐射主要来源于太阳辐射，平流层存在的臭氧能够完全吸收太阳光谱中波长 290nm 以下的光，能够吸收 90% 波长 290～320nm 的光。因此，平流层中紫外辐射的波段大于 320nm。

1.2　临近空间低速飞行器研究进展

临近空间飞行器是指能够稳定运行于临近空间并执行特定任务的飞行

器,根据飞行高度和飞行速度特征,可分为临近空间低速飞行器和临近空间高速飞行器。平流层飞艇和高空长航时太阳能飞机是典型的临近空间低速飞行器,驻空时间可达月、年量级,也被形象地称为平流层卫星,具有时空分辨率高、覆盖范围大、使用效费比高等特点,在侦察监视、预警探测、通信中继、移动互联网、环境监测、防灾减灾、智慧城市等领域,具有广泛的应用前景。

1.2.1 平流层飞艇研究进展

平流层飞艇是利用临近空间下层范围(20km 高度附近)平均风速较小的有利条件,依靠浮力升空和驻留,利用再生循环能源和动力推进装置实现抗风飞行、区域长时驻留的浮空飞行器。

20 世纪 50 年代后期,美国最早提出平流层飞艇概念。70 年代,美、德召开了关于平流层飞艇技术的国际会议。90 年代,在对地观测、侦察预警、移动通信等军民需求牵引下,伴随人类科技进步和对平流层环境认知的发展,国际上掀起了平流层飞艇研究的热潮[3-4]。2016 年,美国 *Aviation Week & Space Technology* 期刊评选的"未来 20~40 年内最有前景的 18 项航空技术"中,将平流层飞艇列为实现高空伪卫星技术的重要途径之一。

1. 美国"高空哨兵"飞艇

"高空哨兵"(HiSentinel)项目由美国陆军空间与导弹防御司令部(Space and Missile Defense Command, SMDC)于 1996 年启动,美国西南研究院、Raven 公司和美国空军实验室共同开发研制,旨在研制系列化低成本、小载重、快速响应的飞艇。

"高空哨兵"飞艇由囊体、Y 形尾翼、推进系统、能源系统、设备舱、配重舱、电子设备以及任务载荷组成。采用与高空气球类似的非成形放飞方式(图 1-3),起飞时部分充满氦气,随着上升逐步膨胀成形。飞艇无副气囊,通过释放氦气和释放配重来调节囊体的浮力和质量,以保持飞行高度。

"高空哨兵"飞艇采用内置的小型刚性太阳电池阵列和锂离子电池组供电。2005 年,HiSentinel 20 飞艇进行了飞行测试,高度达到 22km,飞行时间约 5h,飞行中未启用太阳电池,完全采用锂离子电池组供电。2008 年,HiSentinel 50 飞艇在升空至 20km 高度后,由于内外压差过高导致囊体破裂,整个飞行过程约 2h。2010 年,HiSentinel 80 飞艇在 22km 高度完成 8h 飞行[5]。

图 1-3　HiSentinel 80 飞艇

2. 美国高空飞艇

高空飞艇(High Altitude Airship,HAA)项目于 2002 年由美国导弹防御局(Missile Defense Agency,MDA)在先进概念技术演示验证(Advanced Concept Technical Demonstration,ACTD)计划中提出,2003 年正式启动,2008 年改由陆军空间与导弹防御司令部负责,由洛克希德·马丁公司承担研制任务[6]。高空飞艇为多用途飞艇,主要任务是导弹预警。

高空飞艇设计长度约 131m,直径约 45.74m,飞行高度约 18.3km,驻空时间约一个月,可承载 227kg 的任务载荷。艇体由流线形纺锤体气囊和 4 片 X 形充气尾翼组成,艇身两侧各有两台电动螺旋桨发动机作为推进装置。

高空飞艇艇体顶部铺设 15kW 柔性薄膜太阳电池,与 40kW·h 的锂离子电池一起为推进系统和载荷供电。白天太阳电池直接为推进系统和载荷提供电量,并为锂离子电池充电,晚上工作电源由锂离子电池组提供。重要分系统都配备有备用电源。2011 年 7 月 27 日,演示验证型高空飞艇 HALE-D 在美国俄亥俄州进行了首次演示飞行试验(图 1 - 4),上升至 9.75 km 高空时因空气阀门结冰导致排气流量显著降低,致使氦气囊无法膨胀导致浮力不足而应急下降,降落过程中由于太阳电池短路引起起火,导致囊体和太阳电池烧毁。

(a)　　　　　　　　　　　(b)

图 1 - 4　高空飞艇验证艇 HALE - D

3. 美国传感器/结构一体化飞艇

传感器/结构一体化(Integrated Sensor Is Structure,ISIS)项目由美国国防部高级研究计划局(Defense Advanced Research Projects Agency,DARPA)和空军实验室于 2004 年启动,由洛克希德·马丁公司承担研制任务。该项目将传感器和天线与飞艇结构进行一体化设计(图 1 - 5),最大限度提高飞艇的承载能力或减小飞艇体积。项目目标是长期驻空、区域预警监视,满足美国空军全球情报/监视/侦察和战区持久情报/监视/侦察的长远需求。

ISIS 飞艇设计艇长 300m,工作高度 20 ~ 21km,巡航速度 110km/h,短时最高速度达 185km/h;持续留空时间可达 90 天,设计寿命为 10 年;采用太阳电池阵列和燃料电池供电,能耗为 3000kW·h/天。据报道,该项目已突破创新能源系统等关键技术。原计划于 2014 年开展缩比验证艇试飞,由于财政预算和技术等层面原因,项目目前处于暂停状态。

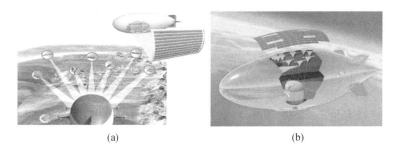

(a)　　　　　　　　　　　(b)

图 1 - 5　传感器/结构一体化飞艇

4. 法国平流层巴士飞艇

平流层巴士(Stratobus)飞艇项目由法国泰雷兹·阿莱尼亚宇航公司(Thales Alenia Space)于2014年启动,定位于高空观测平台和反恐作战平台,可用于执行边境和海上的监视、通信、广播、导航等任务。

平流层巴士飞艇(图1-6)长140m,设计驻空高度20km。飞艇采用"太阳电池阵列+再生燃料电池"循环能源体制;通过艇体沿纵轴旋转具备太阳光线自主跟踪能力,在减小飞艇体积的同时实现太阳能最大利用;配置两个以燃料电池为能源的螺旋桨推进系统,可在最大25m/s的风中实现抗风驻留[7]。平流层巴士飞艇项目于2016年获得法国国家银行和地方政府2000万欧元资金支持,进入实质研发阶段。2018年7月,泰雷兹·阿莱尼亚宇航公司与美国西南研究院签署了联合开发平流层巴士飞艇的谅解备忘录,由美国西南研究院提供技术支持。2018年底,为飞艇专门设计的第一个全尺寸光伏模块的静力学验证测试成功完成。2019年7月,法国CNIM公司测试了平流层巴士飞艇的关键子部件——吊舱移动系统,该系统是实现飞艇绕其自身纵轴旋转,从而使太阳能电池板能跟随太阳方向移动的关键部件。平流层巴士飞艇全尺寸飞艇预计于2023年首飞。

图1-6　平流层巴士飞艇

5. 日本平流层平台

平流层平台(Stratospheric Platform,SPF)项目由日本宇宙航空开发机构(Japan Aerospace Exploration Agency,JAXA)于1998年提出[8],主要用于宽带无线电通信、广播和地理环境监测等领域。

平流层平台(图1-7)的能源系统采用太阳电池与再生燃料电池。2003年8月平流层平台开展了飞行试验,在30min内到达16.4km的高度,之后释放氢气采用降落伞返回地面。2004年11月,平流层平台在日本北海道试验场开展了飞行试验,飞艇长 67m、直径 17m、重 6500kg、体积 10500m³,动力装置采用了航空发动机,升空高度约 4000m。2005 年后,平流层平台项目逐渐由总体演示验证转向轻质高强蒙皮材料技术和能源系统技术攻关。

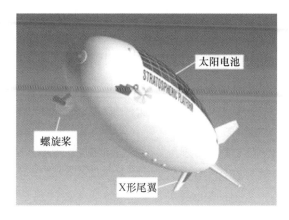

图 1 - 7　日本平流层平台

6. 美国"攀登者"飞艇

"攀登者"(Ascender)飞艇是日本宇宙航空开发机构为美国空军空间作战实验室和空间作战中心研制的临近空间机动飞行器(NSMV)原型机,于 2003 年初启动[2]。"攀登者"飞艇是一个外形呈 V 形的混合飞艇(图 1 - 8),通过气动升力和浮力共同产生升力,通过控制舱内的氦气移动提供控制。"攀登者"飞艇由燃料电池驱动的两台螺旋桨推进器提供动力。2003 年 11 月,飞艇开展了初期验证试验,释放至 30km 高空后成功返回地面。2016 年 9 月,飞艇在美国内华达州的发射场进行了"攀登者"36 的飞行试验,试验中达到了 4115m 的高度,平均爬升速度超过 2.95m/s。

图 1 - 8　"攀登者"飞艇

7. 美国"星光"平流层太阳能飞艇

2012 年 3 月 3 日,全球临近空间服务公司(GNSS)和美国 Bye 航宇公司联合宣布,开发了"星光"(StarLight)太阳能飞艇(图 1 - 9),目标是使这种低成本高空飞艇能在平流层一次驻留时间达到 4 个月。"星光"太阳能飞艇安装轻质高效柔性薄膜太阳能电池,但并未明确究竟是采用储能电池还是燃料电池系统与之配合构成混合电力。在三阶段的发展计划完成后,飞艇下级部分的原型机将完成装配并准备飞行。

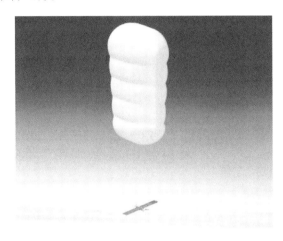

图 1 - 9 "星光"太阳能飞艇

1.2.2 临近空间太阳能飞机研究进展

临近空间太阳能飞机是指工作在临近空间 20 ~ 30km 高度,以太阳能为主要能量来源实现持久飞行,以螺旋桨动力推进实现机动飞行、区域长期驻留的升力型飞行器。

1977 年,美国国家航空航天局(National Aeronautics and Space Administration,NASA)提出了太阳能高空长航时飞行平台(High - Altitude Powered Platform,HAPP)概念,指出了太阳能飞机的两大主要应用领域:遥感和通信。40 多年来,美国、英国、瑞士等国家安排了多个项目,广泛开展了太阳能飞机研制和应用。本节对典型项目进行介绍[9],此外,虽然 SolarImpulse、Solong 等项目属中低空太阳能飞机,但是鉴于对临近空间太阳能飞机能源系统具有重要参考价值,此处一并介绍。

1. 美国环境研究和传感器技术太阳能飞机

20 世纪 70 年代末 80 年代初,美国政府资助并由美国 AeroVironment 公司先后实施了两个全尺寸太阳能飞机项目(Gossamer Penguin 和 Solar Challenger),随后由该公司负责的"探路者"(Pathfinder)项目研制了首个高空长航时太阳能飞机原型机,翼展达 30m。1993 年底,"探路者"项目纳入到美国的环境研究飞机和传感器技术(Environmental Research Aircraft and Sensor Technology,ERAST)项目。1997年春,"探路者"实现了 21.5km 飞行高度,打破了当时太阳能飞机飞行高度纪录。

"探路者"Plus 太阳能飞机是环境研究飞机和传感器技术项目的第二代太阳能飞机,总翼展 36.9m。1998 年,"探路者"Plus 太阳能飞机创造了新的飞行高度纪录,达到 24.4km。

"百夫长"(Centurion)是 ERAST 项目的第三代太阳能飞机,翼展为 63.1m,设计飞行高度 30.5km,但"百夫长"太阳能飞机只进行了低空飞行试验,飞行过程仅采用了储能电池供电。

"太阳神"(Helios)太阳能飞机是环境研究飞机和传感器技术项目的第四代太阳能飞机,是在"百夫长"太阳能飞机基础上改进而来的,总翼展达 75.3m。"太阳神"太阳能飞机分为高高空原型机 HP01 和长航时原型机 HP03。2001 年8 月 13 日,高高空原型机 HP01 达到 29.5km 的飞行高度,这是有翼航空飞行器水平持续飞行的全新飞行高度纪录。2003 年 6 月 26 日,长航时原型机 HP03 在飞行试验过程中因大气湍流和结构失效解体[10]。

图 1 - 10 展示了 ERAST 项目中各代太阳能飞行器的演变过程。

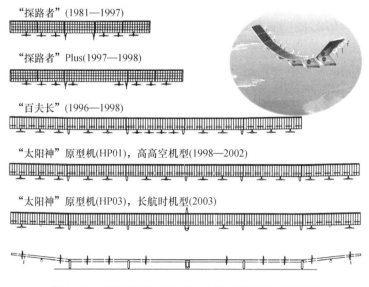

"探路者"(1981—1997)

"探路者"Plus(1997—1998)

"百夫长"(1996—1998)

"太阳神"原型机(HP01),高高空机型(1998—2002)

"太阳神"原型机(HP03),长航时机型(2003)

图 1 - 10　ERAST 项目中各种太阳能飞机的演变过程

ERAST 项目各代太阳能飞行器中,"探路者"Plus、"百夫长"和"太阳神"太阳能飞机均采用 Sun power 公司的单晶硅太阳电池,其中 HP03 采用了双面单晶硅太阳电池。4 种太阳能飞机均携带了化学电源与太阳电池阵列,其中"太阳神"系列太阳能飞机携带的是锂离子电池堆,HP03 同时携带了电池堆和氢-空气燃料电池。

2. 英国"西风"太阳能飞机

"西风"(Zephyr)太阳能飞机是英国 Qinetiq 公司的太阳能飞机项目(图 1-11)。2005 年,"西风"4 太阳能飞机由气球携带至 9.1km 的高空并进行了飞行试验。后续的"西风"5 太阳能飞机分为"西风"5-1 和"西风"5-2,"西风"5-1(质量约 31kg)携带了储能电池和太阳电池,"西风"5-2(质量约 25kg)只携带了不可充电的储能电池。2005 年 11 月,两架飞机都进行了飞行试验,"西风"5-1 飞行了 4h,"西风"5-2 飞行了 6h。2006 年 7月,两架飞机再次进行了试飞,"西风"5-1 飞行了 18h(7h 夜间飞行),飞行高度达到 11km。

2008 年 8 月,美国亚利桑那州的 Yuma 试验场,"西风"6 太阳能飞机在 18.3km 高度连续飞行了 82h,是当时无人机飞行时间纪录的 3 倍。"西风"6 太阳能飞机由超轻质碳纤材料制造,整机重约 30kg,翼展 18m,能源系统采用超薄柔性非晶硅太阳能电池和 Li-S 二次电池,其中,Li-S 电池质量约 10kg,质量能量密度达 350W·h/kg。2010 年 7 月,"西风"7 太阳能飞机实现了 14 天(336h24min)的连续飞行,打破了当时太阳能飞机飞行时间纪录。2013 年,空中客车公司收购了"西风"项目。2018 年 7 月 11 日,"西风"S 太阳能飞机首飞,飞行时间达到 25 天 23h57min[11],创造了飞行时间的非官方纪录。"西风"S 太阳能飞机采用了砷化镓太阳电池,光电转换效率达 28%。

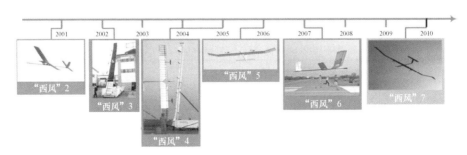

图 1-11 "西风"项目演变过程

3. 瑞士 Solar Impulse 太阳能飞机

Solar Impulse 项目由瑞士 Solar Impulse 公司承担。2007—2008 年,Solar Impulse 公司制造了第一代太阳能飞机 HB – SIA(图 1 – 12),翼展 63.4m,铺装 11628 块太阳电池提供能量,同时携带 400kg 锂离子电池。2013 年,Bertrand Piccard 和 Andre Borschberg 驾驶 HB – SIA 太阳能飞机从美国旧金山飞至纽约,实现了横跨美国的飞行。第二代太阳能飞机 HB – SIB(图 1 – 13),命名为 Solar Impulse 2,翼展 72m,质量 2300kg,铺装 17248 块晶硅太阳电池,同时携带 633kg 锂离子电池。2015 年 3 月至 2016 年 7 月,Bertrand Piccard 和 Andre Borschberg 驾驶 Solar Impulse 2 太阳能飞机,完全依靠太阳能动力完成环球航行。

图 1 – 12　HB – SIA 太阳能飞机

图 1 – 13　Solar Impulse 2 太阳能飞机飞行试验

4. 美国 SoLong 太阳能飞机

SoLong 项目的主要目的是验证依靠太阳能实现数天量级飞行的能力,由美国 AC Propulsion 公司实施。SoLong 太阳能飞机翼展为 4.75m,翼面积为 1.5m²,储能电池为 5.6kg(电池类型为 Sanyo 18650 锂离子电池,质量能量密度为 220W · h/kg),使用 76 块 SunPower 公司的 A300 太阳电池[12],该飞行器总质量为 12.6kg。2005 年 6 月的飞行试验中,SoLong 太阳能飞机实现了 48h 的连续飞行,因操作手疲劳而中止试验。图 1 – 14 为 SoLong 原型机,图 1 – 15 为 SoLong 太阳能飞机在结束飞行后采用机腹擦地方式着陆。

图 1 – 14 SoLong 原型机

图 1 – 15 SoLong 原型机采用机腹擦地着陆

5. 欧洲航天局/瑞士 Sky – Sailor 太阳能飞机

Sky – Sailor 项目由欧洲航天局(简称欧空局)(ESA)资助,瑞士洛桑联邦理工学院(EPFL)下的 Autonomous Systems Lab 实验室承担。项目于 2003 年末启动,目的在于设计制造超轻结构的太阳能飞机,能够不间断飞行数天,并验证火星大气飞行的可行性。Sky – Sailor 太阳能飞机翼展 3.2m,锂离子电池重约

1.065kg，飞行器总重 2.444kg。2005 年，Sky - Sailor 太阳能飞机完成了首航。2008 年 7 月，Sky - Sailor 太阳能飞机在瑞士索洛图恩州进行了一次长航时演示验证飞行(图 1 - 16)，实现了 27h 连续飞行。

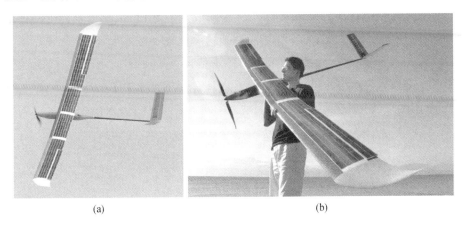

(a)　　　　　　　　　　　　　(b)

图 1 - 16　Sky - Sailor 太阳能飞机的演示验证飞行

6. 美国"秃鹰"计划

2007 年，DARPA 寻求一种可以替代昂贵卫星的飞行器，用于满足情报/监视/侦察或中继通信平台需求，提出了名为"秃鹰"(Vulture)的计划，目标是研究一种太阳能飞行器，能实现在高空长达 5 年的不间断飞行。2009 年，"秃鹰"计划第二阶段研究计划启动，目的是研究一种高空长航时(HALE)无人飞行器系统，实现高空 3 个月的飞行。最后由英国 Qinetiq 公司联合 Boeing 公司提出的 SolarEagle 方案(图 1 - 17)中标。该方案实际上是"西风"太阳能飞机的放大版本。

图 1 - 17　Qinetiq 公司联合 Boeing 公司提出的 SolarEagle 方案

7. 其他项目

网络巨头希望将太阳能飞机部署在难以到达的区域,以此提高网络覆盖率和用户规模。2014 年,Google 公司宣布收购了美国新墨西哥州的一个太阳能飞机制造公司 Titan Aerospace。Titan Aerospace 公司成立于 2012 年,迄今设计出两种太阳能飞机 Solara 50 和 Solara 60(图 1 – 18),这两种太阳能飞机设计目标是持续飞行 5 年,其中 Solara 50 能携带 31.8kg 有效载荷,Solara 60 太阳能飞机能携带113.5kg 有效载荷。与此同时,2014 年,Google 公司的竞争对手 Facebook 公司,收购了太阳能飞机制造公司 Ascenta,启动太阳能飞机计划(图 1 – 19)。

图 1 – 18　Google 公司的 Solara 太阳能飞机构想图

图 1 – 19　Facebook 公司的太阳能飞行器构想图

表 1 – 1 汇总了现有临近空间低速飞行器的主要供能方式。可以看到,主流技术方案聚焦于太阳电池阵列/锂离子储能电池组和太阳电池阵列/燃料电池组两种方式,而太阳电池阵列多采用晶体硅太阳电池。

表 1-1　典型临近空间低速飞行器主要供能方式

类型	名　　称	供电方式		能源系统研制状态
平流层飞艇	"高空哨兵"(HiSentinel)	内置刚性太阳电池	锂离子电池组	飞行试验
	高空飞艇验证机(HALE-D)	非晶硅柔性薄膜太阳电池	锂离子电池组	飞行试验
	平流层平台(SPF)	薄化晶体硅太阳电池	再生燃料电池	研制
	传感器/结构一体化飞艇(ISIS)	薄化晶体硅太阳电池	燃料电池	研制
	平流层巴士(Stratobus)	太阳电池	燃料电池	研制
	"星光"太阳能电动混合飞艇	柔性薄膜太阳电池	不明	研制
太阳能飞机	"探路者"(Pathfinders plus)	单晶硅太阳电池	电池组	飞行试验
	"百夫长"(Centurion)	单晶硅太阳电池	电池组	飞行试验
	"太阳神"(Helios)HP01 高空型	单晶硅太阳电池	锂离子电池组	飞行试验
	"太阳神"(Helios)HP03 长航时型	单晶硅太阳电池	锂离子电池组氢-空气燃料电池	飞行试验
	"西风"(Zephyr)6、"西风"7、"西风"S	非晶硅柔性薄膜太阳电池	锂硫电池	飞行试验
	Solong	单晶硅太阳电池	锂离子电池组	飞行试验
	Solar Implus	单晶硅太阳电池	锂离子电池组	飞行试验
	Sky-Sailor	太阳电池	锂离子电池组	飞行试验
	Vulture	太阳电池	固体氧化物燃料电池	设计研制

第 2 章
临近空间低速飞行器能源系统

2.1 临近空间低速飞行器能源系统工作模式

　　临近空间低速飞行器再生能源系统由太阳电池、储能电池及能源管理系统构成，具备能源产生、转换、存储、管理和配置等功能，为系统提供不间断稳定能量供给[2]。再生能源系统的基本工作模式：白天，由太阳电池进行太阳辐照能量的转换，为飞行器平台和有效载荷供电，在功率有余量时为储能电池充电；夜间，由储能电池为平台和有效载荷供电，实现能量昼夜平衡。再生能源系统的能量流传递过程如图 2-1 所示。

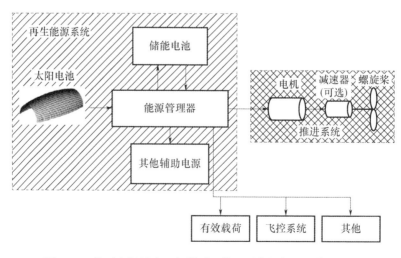

图 2-1　临近空间低速飞行器再生能源系统的能量流传递过程

太阳电池是再生能源系统的能量来源,平流层飞艇的总体特点要求太阳电池具备较高的转换效率、较轻的面密度,并具备与艇体的适应性,相比空间和地面有较大的区别。同时在能量产生过程中,由于受到飞艇飞行高度、季节、地域、姿态、时序等工作要素的影响,太阳电池在不同条件下的发电能力具有较大的差别,影响整个能源系统的供给能力,白天能量传递方向如图 2 - 2 所示。

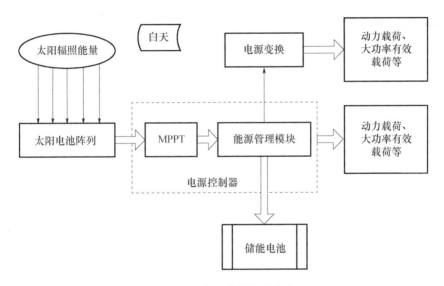

图 2 - 2　白天能量传递方向

能量的传递主要决定于系统电压和传输电路,平流层飞艇的功率需求一般达到数十千瓦至上百千瓦,在大功率传输过程中能源的线路损耗严重。

能量的利用主要包括直接能量传递(DET)和最大功率跟踪(MPPT)两种模式,在寿命中两种模式的侧重点不同,对能量的利用率也不相同,无论采用哪种方式均存在一定的能量损耗。

为保证飞艇夜间续航的能量需求,需要利用储能电池对能量进行临时存储,存储量决定于过夜时间和功率需求。储能电池组会在整个能源系统质量中占比较大,严重增加再生能源系统代价,为减少该不利影响,需要提高储能电池的能量存储能力,夜晚能量传递方向如图 2 - 3 所示。

再生能源系统需要或具有不同输入特性时,系统将牺牲一定的能量而求得具备一定特性的输出,如发动机负载特性等,都会造成能量的损失。

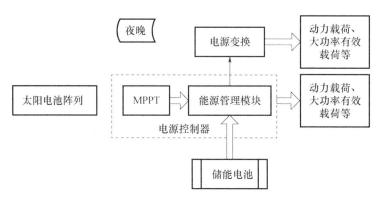

图 2-3 夜晚能量传递方向

2.2 临近空间低速飞行器能源系统设计准则

再生能源系统的作用是,保证临近空间低速飞行器能源的不间断供给,满足整个飞行周期内的功耗需求。再生能源系统需在能量产生与消耗之间实现能量平衡,主要制约因素是影响能量消耗和能量供给两个方面的应用条件与环境条件。

能量供给方面的制约因素包括飞行器飞行的时域和地域特征决定的太阳辐照注入强度和总量、飞行器外形及太阳电池铺设面积、太阳电池光电转化效率、储能电源的能量效率及可达的能量密度、能源系统的控制效率、线路传输损耗等。

能量消耗方面,除了控制、测控、任务载荷等稳定功耗外,主要功耗来源于驻空飞行抗风的动力推进系统。总功耗随飞行器外形、任务周期等变化而明显变化。

综合能量供给与能量消耗特征,临近空间低速飞行器能源系统设计与飞行器总体设计一般同步迭代进行。能源系统设计一般考虑以下5个设计准则。

(1)满足能量昼夜闭环。临近空间低速飞行器最显著的优势特征是能够实现月、年量级的区域长期驻留,能量昼夜闭环是实现长期驻留的关键核心条件之一,即在设计的任务周期内,白天太阳电池产生的能量既能够满足平台和载荷的供电需求,又能够将储能电池的电充满,夜晚储能电池满足平台和载荷供电需求。这是临近空间低速飞行器能源系统设计要满足的首要原则。

(2)满足供电功率需求。临近空间低速飞行器供电要求主要包括电源母线电压、功率要求和电源质量等方面,根据能源系统规模选择电源母线电压采用单母线还是双母线,采用高压母线还是低压母线。能源系统功率需要满足平台和载荷的最大功率需求。能源系统的母线纹波电压、动态调整率等满足平台和载荷用电需求。

(3)满足总体设计要求的质量和体积约束。能源系统设计是临近空间低速飞行器总体设计的重要组成部分,需满足总体设计限定的质量与体积等约束条件。特别是在太阳电池效率低和储能电池能量密度不高的现有条件下,能源系统在飞行器整体质量中占比较大,储能电池和能源管理系统一般放置在吊舱内,体积受到限制。因此,在成本允许的范围内,优先选用质量功率密度较高的发电、储能产品,以降低能源系统的质量和体积。此外,对于临近空间低速飞行器中的平流层飞艇而言,由于太阳电池沿飞艇曲面铺装,还需要具有柔性特点。

(4)满足工作环境和安全性要求。临近空间低速飞行器长时间工作在低温、低气压环境中,同时受紫外辐照和臭氧等影响,能源系统要适应长期在平流层工作的基本要求。由于临近空间低气压环境造成散热困难,能源系统需要具有耐受高温的能力,散热方式设计要结合传统地面散热方式和空间散热方式。由于飞行过程中可能产生低频振动,能源管理系统和储能电池要满足随机低频振动要求。另外,能源系统设计时还要充分考虑短路、过温、过压、过流等非正常现象,具备冗余和重构的功能和能力。

(5)满足寿命和可靠性要求。能源系统的寿命要不小于临近空间低速飞行器平台的设计寿命。由于工作环境恶劣,为达到长寿命要求,能源系统关键设备和器件,需综合采用降额设计、冗余设计、模块化/标准化/系列化设计等。临近空间低速飞行器,特别是平流层飞艇,功率较大,可以采用数个或数十个成熟可靠的功率小的太阳电池和储能电池组成的光伏系统,提高系统可靠性,缩短研发时间,降低成本。要参考和选用航空航天已形成的标准化和系列化产品,部件设计时也要采用成熟的设计软件和工艺。

⫸⫸ 2.3　临近空间低速飞行器能源系统技术路线 ⫸

2.3.1　发电技术路线

太阳电池阵列是为临近空间低速飞行器供能的最重要组件,由太阳电池串、并联而成具备一定电压和功率输出,其性能决定了能源系统的发电能力。太阳电池阵列直接安装于飞行器囊体及结构上,与飞行器总体多维度耦合,功能性能技术需求较常用的平板太阳电池阵列更为复杂,主要体现在以下 4 个方面。

(1)具备高效率、轻量化和集成性特点。临近空间低速飞行器飞行高度一般达到20km 以上,大气十分稀薄,大气提供的浮力/升力有限,压力仅为5000Pa左右,飞行控制和推进螺旋桨的气动效率低,都需要大量的能源予以支撑,外部环境条件和飞行器自身特点决定了太阳电池组件需具有高效率、轻量化和集成性的特点。

对 $10^3 \sim 10^4$ W 功率需求的临近空间低速飞行器而言,需要太阳电池具有较高的转换效率,尽可能减少太阳电池铺设面积,降低结构复杂程度;需要减少负载所增加的能量负担,整个飞行器质量应控制在较低水平,以减少控制难度;对于贴装于飞艇或无人机外表面的太阳电池组件,要求太阳电池系统的总质量应足够低,具有较轻的质量密度;在此前提下太阳电池组件,在装配安装、结构密封、组件电路、热防护结构等方面要充分地集成,确保具备基本的设计功能,同样获得较轻的质量效果。综合来说,临近空间低速飞行器需要性能指标先进的太阳电池组件技术。

(2)符合临近空间飞行器物理特性要求。高效轻质太阳电池阵列都要依附飞艇或无人机外表面接受光照才能工作,这是太阳电池工作的基本条件。外部贴附的太阳电池阵列与飞行器之间存在物理状态影响,太阳电池的特性必须符合飞行器在形变、受力、热的多方面物理特性要求。

在力学方面,平流层飞艇和无人机存在自身的气动外形设计,对于平流层飞艇而言,外部结构一般具有较大外形尺度,并伴随着充放气、昼夜冷热交变、自身任务调节控制,造成飞艇外形形变(一般是非均匀性),依附在表面的太阳电池阵列,除了要适应飞艇固有的曲面铺装结构外,还要能够承受飞艇形变所带来的拉伸、扭曲、绷紧、松弛等外力影响,并保证大面积组件在风力作用下的安全性,同样无人机机翼的展向弯曲和迎风面的凹凸形变与之类似。在热匹配方面,太阳电池吸收太阳辐射,利用一部分波长的太阳辐射能量进行光电转换发电,但不能进行光电转换的太阳辐射能量会使太阳电池出现明显的温升,如在地表温度30℃时,太阳电池阵列表面温度会达到60℃以上。如果这些热量直接作用于飞艇囊体,将对飞艇内部产生额外的加热作用,增加气动控制的难度,因此太阳电池阵列与蒙皮之间传热过程必须加以控制,这就需要太阳电池阵列具有一定的隔热特性;在发电方面,飞艇蒙皮为绝缘面,太阳电池的输出功率通过导电线路传送,在大尺度飞艇表面构建大包络的功率传输网络,需要在快速电路连接、质量均衡方面予以考虑。太阳电池组件与飞艇或无人机的结构复合,还需要考虑结构总体的要求,这些都对太阳电池组件提出了新的物理特性和功能特征要求。

(3)具备宽空域范围的环境适应性。高效太阳电池组件应具备平流层飞艇或太阳能无人机应用的环境要求。20km 高度以下,大气温度和压力随海拔高度的增加逐渐降低;20km 高度处,气温约为 -57℃,大气压力约 5500Pa。临近空间更高范围内,高浓度臭氧吸收大量的空间紫外线使气温随海拔高度的上升而迅速增加,每千米高度约能升温 2℃。平流层飞艇和太阳能无人机的使用高度范围还要考虑地面和穿越对流层的影响,夏季北半球地面的最高温度可达到 30～40℃,存在阴雨、雾气、潮湿的不利条件,冬季地面温度可降至 -15℃ 以下,存在阴冷、霜冻、风的不利条件。平流层飞艇和太阳能无人机的起飞、爬升和巡航都涉及不同时间和高度的复杂环境条件,太阳电池组件必然要考虑环境带来的不利因素。

轻质太阳电池阵列内部按功能应包含表面透光、电池电路、隔热和黏结等多层结构,湿热和阴冷的环境可能会对多层复合结构的胶接产生渗透和剥离作用,破坏结构的完整性;高空长期的包含强紫外线在内的太阳辐照,可能造成薄膜材料和胶黏材料的老化退变,使结构发生失效;冷热交变和真空环境,同样考验太阳电池组件封装成形的工艺方法,特别是低温条件下太阳电池组件黏结强度退化。轻质太阳电池组件要适应复杂多变的外部环境,除发电和功率传输以外,还承担了包裹"衣服"的作用,综合环境复杂,需要高水平的太阳电池组件材料和成形工艺。

(4)具备可工程化大批量应用的实现能力。平流层飞艇的结构尺寸一般达到数十米至百米以上的轴向长度,半径达到数十米的体积结构,功率需求达到数十千瓦到数百千瓦,长航时太阳能无人机的翼展长度也在数十米以上,机翼展开面积达到百平方米。若按目前平流层飞艇和无人机功率需求以及太阳电池转换效率20%(AM1.5)估算,太阳电池阵列的铺设面积要达到数百平方米,加上昼夜循环要求,太阳电池阵列所需铺设面积还将增加。如此大规模的工程应用需求,需要太阳电池阵列可实现批量的生产和应用能力。

按照电池刚度形态的不同,当前主流电池可分为轻质柔性薄膜太阳电池和高效薄型化晶体硅太阳电池两类。

1. 轻质柔性薄膜太阳电池

轻质柔性薄膜太阳电池,是在塑料或金属箔片等轻质柔性衬底上制备的薄膜太阳电池。在临近空间飞行器应用时,因受质量限制,柔性衬底一般选择聚酯膜或钛箔。柔性薄膜太阳电池的制备,可直接在柔性衬底上沉积光电功能层,也可先在刚性衬底上完成光电功能层制备再将其剥离转移至柔性衬底上。

直接在柔性衬底上沉积光电功能层,目前是非晶硅柔性薄膜太阳电池和铜铟镓硒柔性薄膜太阳电池的主要生产方式,可采用卷对卷(Roll – to – Roll)技术连续批量生产,生产成本相对较低,但其光电转换效率相对较低。

剥离光电功能层转移至柔性衬底,主要用于制备砷化镓柔性薄膜太阳电池,其产品光电转换效率相对较高,但生产工序多,生产过程损耗较大,成品率较低,产品价格相对较高。当然,也可采用剥离转移方法制备非晶硅柔性薄膜太阳电池和铜铟镓硒柔性薄膜太阳电池,但鉴于工艺复杂性和成本,该类产品生产较少。

2. 高效薄型化晶体硅太阳电池

目前,高效薄型化晶体硅太阳电池主要为薄化的晶体硅太阳电池。采用薄化制备技术,将常规厚度 $150 \sim 180\mu m$ 的晶体硅太阳电池减薄至 $100\mu m$ 左右甚至更薄。薄化过程可在原始硅基片阶段通过物理切割减薄,也可在晶体电池制备完成后通过化学腐蚀减薄。薄化晶体硅太阳电池,与常规的高效晶体硅太阳电池相比,除了同样具有较高的转换效率外,质量可下降30%以上,且具备了一定的柔性弯曲能力。虽然薄化高效晶体硅太阳电池本身弯曲性能较差,但将合适大小的薄化高效晶体硅太阳电池封装在柔性支撑材料上可形成具有一定柔性的太阳电池组件。

上述可应用于临近空间低速飞行器的太阳电池,因材料种类、制备工艺上的不同,在光电转换效率、面密度、价格等方面存在较大差异。在进行临近空间飞行器设计选型时,除考虑这些因素外,还应综合比较不同类型太阳电池单片尺寸对组成太阳电池阵列复杂性的影响,以及太阳电池柔性弯曲能力和力学性能对太阳电池阵列尺寸设计、飞行器上安装方式、飞行工况可靠性能等方面的影响。

平流层飞艇为柔性动态结构,因此多选择柔性薄膜太阳电池类型或小尺寸薄化晶体硅太阳电池组成的柔性阵列。美国高空飞艇验证机(HALE – D)上采用的是直接在柔性衬底上沉积光电功能层的非晶硅柔性薄膜太阳电池(图2 – 4)。日本平流层平台项目(图2 – 5)采用了晶体硅太阳电池组件作为其飞艇的主要电源,转换效率为13.1%,厚度为 $60\mu m$,组件平均面密度接近 $700g/m^2$,采用挂装技术,飞艇充气之后,再将刚性太阳电池板挂装到飞艇外表面,表 2 - 1 为日本 SPF 飞艇选用的 C - Si 太阳电池组件的实测数据。

图 2 - 4　高空飞艇验证机顶部铺设薄膜太阳电池

图 2 - 5　日本平流层平台 C - Si 太阳电池大组件及挂装

表 2 - 1　日本 SPF 飞艇选用的 C - Si 太阳电池组件实测数据

项　目	实测值
尺寸	1035mm ×650mm(大模块)
电池片数/厚度	256(3 ×6cm/60μm 厚度)
平均面密度	0.693kg/m^2
输出功率/电压	120W/100V
转换效率	13.1%(3.69g/W)
热特性 α/ε	0.78/0.80 在 20K 时
背板材料	苯酚泡沫(Phenol Foam,PF)
密度和厚度	密度8.75kg/m^3(7mm 厚度)

太阳能飞机因可供安装太阳电池的机翼表面面积有限,为满足供能需求,大多选择光电转换效率较高的晶体硅太阳电池,已试飞的太阳无人机中只有"西风"太阳能飞机使用了柔性薄膜太阳电池(图2-6)。表2-2给出了典型太阳能飞机采用的太阳电池情况。

表2-2　太阳能飞机采用的太阳电池情况

型　号	翼展/m	太阳电池类型
"探路者"Plus	36	单晶硅(19%)Sun Power公司
"百夫长"	62.7	单晶硅 Sun Power公司
"太阳神"	75	双面单晶硅(62000块)Sun Power公司
Solong	4.75	单晶硅(76块)Sun Power A300公司
Solar Impulse	61	单晶硅(20%)
"西风"	18	超薄柔性非晶硅 United Solar Ovonic公司

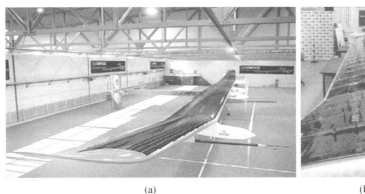

(a)　　　　　　　　　　　　　　　(b)

图2-6　Solar Impulse号太阳能飞机和"西风"太阳能飞机
机翼表面铺装的太阳电池阵列

(a)Solar Impulse太阳能飞机;(b)"西风"太阳能飞机。

2.3.2　储能技术路线

目前,临近空间低速飞行器采用和计划采用的储能体系,按照工作机制不同,分为化学电池储能和再生燃料电池,化学电池储能体系主要包括锂离子储能电池和锂硫电池。

1. 锂离子储能电池

锂离子储能电池是一种高质量能量密度的储能电源,它主要依靠锂离子在正极和负极之间移动来工作。在充放电过程中,锂离子在两个电极之间往返嵌入和脱嵌:充电时,锂离子从正极脱嵌,经过电解质嵌入负极,负极处于富锂状态;放电时则相反。

1995 年起,国际上就已开始对卫星、飞船等空间飞行器用锂离子储能电池的预研工作。2000 年 11 月,英国首先在 STRV - 1d 小型卫星上采用锂离子储能电池组作为储能电源,经过 20 年研究,国际上共有 100 多颗卫星采用锂离子储能电池作为空间飞行器储能电源。锂离子储能电池作为卫星新型的第三代高能储能电源,也因其单体高电压、高质量能量密度、高能量效率和长寿命等综合性能成为符合临近空间低速飞行器性能要求的储能电源种类之一。美国已试飞的"高空哨兵"飞艇和高空飞艇验证机均采用锂离子电池作为储能电源。

锂离子储能电池在长航时太阳能飞机上也得到了广泛的应用。"太阳神"太阳能飞机的高高空机型 HP01 选用了 6 个锂离子电池堆与晶硅太阳电池阵列配合。Solong 太阳能飞机储能电池组采用的是 120 节日本三洋公司的 18650 圆柱形锂离子电池,总质量 5.6kg,能量 1200W·h。Sky - Sailor 使用的是 240W·h/kg 高能量密度储能电池(Panasonic 圆柱形 18650 电池,能量达 253W·h,电压范围 24 ~ 33.7V,质量 1.065kg)。Solar Impulse 储能电池由 220W·h/kg 的高能量密度储能电池(4 组锂电池,每组 100kg)组成,可以不间断飞行 36h。

2. 锂硫电池

锂硫电池以硫为正极反应物质,以锂为负极。放电时负极反应为锂失去电子变为锂离子,正极反应为硫与锂离子及电子反应生成硫化物。锂硫电池的理论质量比能量高达 2600W·h/kg,实际可实现的质量能量密度大约为 600W·h/kg,是目前商品化锂离子电池的 2 ~ 3 倍,是高能二次电池发展的重要方向之一。因为临近空间低速飞行器对能源系统能量密度尤为敏感,所以能量密度方面优势明显的锂硫电池备受关注。

"西风"太阳能飞机选用了由美国 Sion Power 公司开发的锂硫储能电池组(图 2 - 7)。"西风"6 太阳能飞机电池组由质量能量密度为 350W·h/kg 的 576 只单体锂硫储能电池 48 并 12 串组合而成。

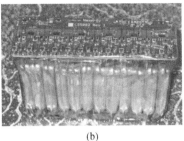

(a)   (b)

图 2 - 7　Sion Power 公司的锂硫储能电池和电池组样品

3. 再生燃料电池

再生燃料电池(RFC)是一套产生、储存和利用氢气、氧气的电化学装置。它将水电解技术(电能 + $2H_2O \rightarrow 2H_2 + O_2$)与氢氧燃料电池技术($2H_2 + O_2 \rightarrow H_2O$ + 电能)相结合,燃料电池发电生成的水可在以太阳能为电源的水电解池中分解成氢气和氧气,实现氢气和氧气的再生,经水气分离收集、储存后再供燃料电池在阴影期发电使用,形成一个封闭的自供给体系,不需要外部供应氢气和氧气,从而起到储能、供能的作用。

采用锂离子储能电池或锂硫电池的化学电池储能和采用再生燃料电池储能各有优缺点,在进行临近空间低速飞行器设计选型时,需根据总体设计综合考虑。锂离子储能电池或锂硫电池具备性能稳定、结构简单、便于维修更换、可靠性高等优点,而再生燃料电池由于能量存储以化学能形式存在,系统的质量比能量随着存储气体质量的增加而达到较高水平,适合于大功率或超大功率平流层飞艇应用。但是,该储能体系也存在能量效率低、系统可靠性保证困难等问题。

传感器与结构一体化飞艇(ISIS)项目和日本平流层平台(SPF)项目电源系统均采用再生燃料电池(图 2 - 8)。ISIS 论证燃料电池目标质量能量密度应大于 400W · h/kg,SPF 再生燃料电池能源系统方案论证指标是功率 180kW、质量能量密度不小于 450W · h/kg。2003 年,日本国家宇航实验室进行了 1kW RFC 的 50h 搭载飞行试验,2004 年完成了 RFC 轻型化和系统化设计,2005 年进行了 1kW RFC 的环境耐受性试验。根据试验结果,提出了 15kW RFC 系统设计方案:额定输出功率 16.5kW,峰值输出功率 33kW,水电解输入功率 48kW,产气压力最大 5MPa,质量能量密度可达 450W · h/kg。2008 年,完成 3kW 模块的地面模拟低气压环境试验,结果证明低气压环境对系统散热设计要求更高。

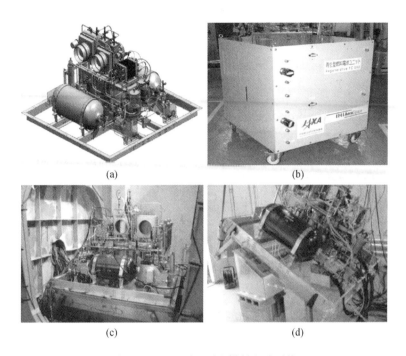

(a)　　　　　　　　　　　(b)

(c)　　　　　　　　　　　(d)

图 2 - 8　SPF 项目再生燃料电池系统

"太阳神"太阳能飞机长航时型 HP03 在 2003 年利用 18kW 氢空燃料电池发电系统进行了 15h 的成功试飞,这是燃料电池能源系统在高空太阳能飞机的首次应用。其再生燃料电池系统样机具体的技术参数为:电池功率 10kW(5kW × 2),电解器功率 30kW,采用美国 Quantum 公司碳纤维缠绕塑料内胆复合储罐(储氢密度 13.36%(质量分数),总储能 120kW · h,质量能量密度 450W · h/kg,系统效率50%,系统计划安置于保温舱内。"太阳神"太阳能飞机及再生燃料电池样机如图 2 - 9所示。

(a)　　　　　　　　　　　(b)

图 2 - 9　"太阳神"太阳能飞机及再生燃料电池样机

2.3.3 能源管理与传输技术路线

电源控制系统负责并承担临近空间低速飞行器在光照期和过夜各阶段,对能量的调节、变换、分配、传输和管理工作,并在整个寿命期间内,为飞行器提供不间断、安全、可靠的供电。与以往空间飞行器相比,临近空间低速飞行器的工作模式及功率需求分配比较复杂,具有超大规模、超高功率、多能源综合等特点。在此种情况下,电源控制系统面临太阳电池最大功率跟踪、联合供电、太阳电池能量多余等多种工作状态互相切换的复杂工况。而且,由于临近空间飞行器对高压、超大功率稳定输出需求,需要采用合理的能源管理电路拓扑结构和电源管理策略,达到临近空间低速飞行器能源持续平衡与稳定的管理目的。

1. 能量传输

临近空间低速飞行器能源系统包含发电分系统和多种类型储能分系统,能量传递分配方式主要有直接能量传递方式和峰值功率跟踪方式。

1)直接能量传递(DET)方式

DET 方式是指太阳电池阵列和储能电池组的输出功率通过母线直接馈送给负载,也就是说,太阳电池阵列和储能电池组与负载之间是并联的。DET 方式电源系统拓扑结构图如图 2-10 所示。太阳电池阵列的输出功率受光强、温度、负载和粒子辐照等因素的影响,变化幅度较大。分流调节器用来处理太阳电池阵列的过剩功率,从而调节或限制光照期的电源母线电压。充电调节器为储能电池组提供合适的充电电流和充电终止控制,防止电池组充电不足或过充电,延长储能电池组的使用寿命。放电调节器对储能电池组的放电回路实施控制或对储能电池组的放电电压进行调节。

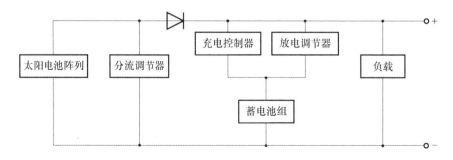

图 2-10 DET 方式电源系统拓扑结构图

　　由于 DET 方式电源系统是将太阳电池阵列功率直接馈送给负载,中间没有损耗环节,因此其功率传输效率可高达 99% 以上。常用的 DET 系统有 S^3R 和 S^4R 功率调节技术。

　　(1) S^3R 功率调节技术。顺序开关分流调节器(Sequential Switching Shunt Regulator, S^3R)功率调节技术是欧洲航天局(ESA)在 20 世纪 70 年代伴随开关调节技术发展起来的,即通过主误差放大器在分流域、充电域和放电域 3 个线性区间内分别对分流调节器、充电控制器和放电控制器进行控制,实现电源系统母线调节功能,其拓扑结构如图 2-11 所示。

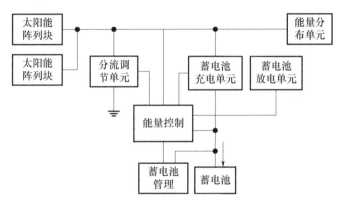

图 2-11　S^3R 系统拓扑结构图

　　(2) S^4R 功率调节技术。S^4R 功率调节技术是一种比较新颖的控制拓扑,如图 2-12 所示,它是在全调节母线及太阳电池阵列开关分流调节技术的基础上提出的。S^4R 功率调节技术综合了 S^3R 功率调节技术和混合型功率调节技术的优点,实行两域控制。

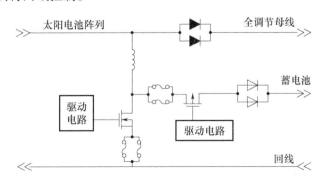

图 2-12　S^4R 系统拓扑结构图

2)峰值功率跟踪(MPPT)方式[13]

MPPT方式是在太阳电池阵列与储能电池组或负载之间引入一个串联开关调节器,用来调节太阳电池阵列的输出功率,如图2-13所示。为最大限度利用太阳电池阵列的输出功率,通常都设有太阳电池阵列峰值功率跟踪器。当飞行器需要极大功率时,可以随时跟踪太阳电池阵列的最大输出功率点,把太阳电池阵列能够输出的全部功率都发挥出来,或者直接供给负载,或者储存于储能电池组中。

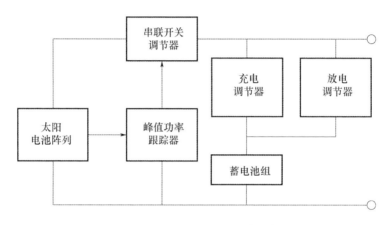

图2-13 MPPT方式的基本结构

目前,MPPT方式电源系统常用的有串联型、并联型和串并联型三种结构。

串联MPPT结构,如图2-14所示,BCR控制太阳电池阵列SA的输出,实现最大功率跟踪控制和储能电池充电控制,BDR负责调整负载电压。

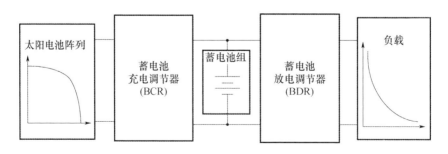

图2-14 串联MPPT结构

并联MPPT结构,如图2-15所示,BR负责处理SA调节负载电压,BCR控制太阳电池阵列SA的输出。

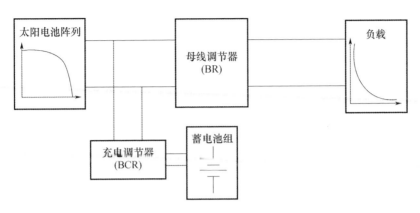

图 2 - 15   并联 MPPT 结构

串并联 MPPT 结构,如图 2 - 16 所示,由串联 MPPT 结构组成,同时并联了一个额外的 BR 调节模块。

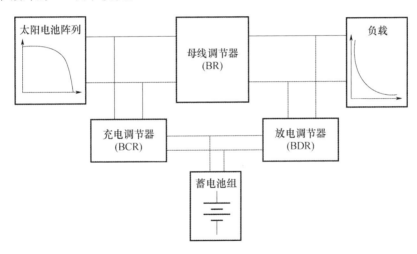

图 2 - 16   串并联 MPPT 结构

参考国际空间站(ISS)、BepiComlombu 的技术,在 S^3R 技术的基础上进行改进,形成 S^3MPPR 技术,如图 2 - 17 所示,相对于传统的 S^3R 技术,S^3MPPR 拓扑只不过是将传统 S^3R 调节器中固定的母线参考电压替换成了 MPPT 控制器输出的最大功率点参考电压。

随着空间 MPPT 技术的发展,国外开始应用一些具备升降压功能的新型的 MPPT 结构,如 B^2R(Buck - Boost Regulator) 拓扑结构、B^3R(Buck - Buck - Boost Regulator) 拓扑结构。

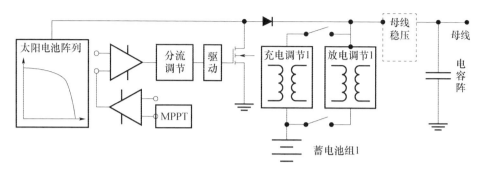

图 2 - 17   S³MPPR 结构

传统的降压型拓扑为 Buck 电路,传统的升压型拓扑为 Boost 电路,两者经过变换组合得到了一种新型高效升降压拓扑——B²R 拓扑结构。该拓扑通过控制开关状态,可以实现 Buck 和 Boost 两种工作模式,如图 2 - 18 所示。B²R 实现升降压的调节,自举电容代替输出端,增加一级输出滤波,有利于输出纹波的减小和效率的提高。

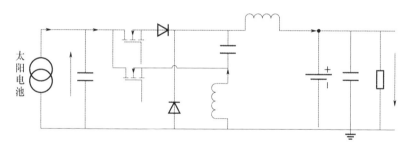

图 2 - 18   新型高效升降压 B2R 拓扑结构图

如图 2 - 19 所示,B³R 电路实现了 BR、BCR 和 BDR 的有机结合。B³R 变换器的拓扑结构是在 Super - Buck 的基础上演变而来的。传统的 MPPT 方式太阳电池阵列的能量传递只能通过升压或者降压的模式,随着开关管的占空比的降低,系统的效率也在不断降低,这是制约着 MPPT 空间应用的关键,B³R 拓扑结构能够根据太阳电池阵列电压与储能电池电压的大小关系自主实现太阳电池阵列对储能电池组升压和降压式的能量传递,提高了系统的效率。

MPPT 方式对于平流层飞艇有一定优势,平流层飞艇外形尺寸较大,其在飞行过程中太阳能的光强及光照角度会随着飞行姿态和航行轨迹频繁地变化,太阳电池温度也会随着外界环境温度、飞行姿态等因素而不断地变化。此外,平流层飞艇艇体一般是一个横截面为圆形的长细状椭球体,其太阳电池阵列铺设不同于航天飞行器的平面设计,往往为曲面,太阳光照角各不相同,存在低角度入射特点,太阳电池阵列发电能力与入射光强不满足简单的余弦正比关系,而是较为复杂的微积分关系,从而使得太阳电池阵列各个面的 I－V 曲线显著不同。在这种情况下,如果采用类似高空飞艇验证艇或者卫星中常用的 DET 方式,太阳电池输出电压便会被后端母线输出电压钳位,而不能最大限度地利用太阳电池发电能量。由于 DET 方式往往采用功率余量设计过大方式,一般设计超过寿命末期实际需求的 20% 左右,造成了寿命初期能量的极大浪费。

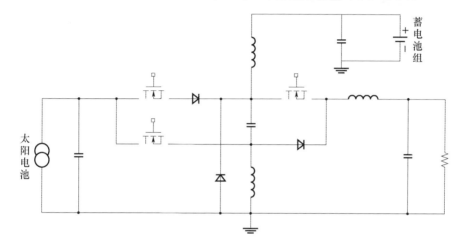

图 2－19　B³R－MPPT 结构

对平流层飞艇能源系统而言,其最大的负载是推进电机,其对母线电压要求不高,所以系统采用不调节母线,其拓扑采取串联的方式即可。串联型 MPPT 调节主要分为两大类:降压型 MPPT 调节和升压型 MPPT 调节[14]。

（1）降压型 MPPT 调节。降压型 MPPT 调节就是串联调节器采用降压型拓扑结构。典型的降压型拓扑为 Buck 电路,其原理结构如图 2－20 所示。

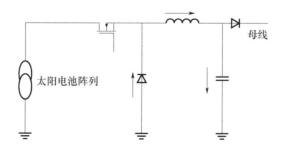

图 2－20　典型 Buck 降压拓扑电路

对 Buck 降压拓扑有 $V_o = DV_{in}$，D 为占空比，$D < 1$。降压型拓扑按照最高温度设计，由于平流层飞艇能源管理系统母线端电压较高，输入前端太阳电池阵列的最大功率点处电压较高，且随着温度的下降电压将继续上升。太阳电池阵列电压过高，将导致串联太阳电池数目变多、太阳电池阵列单体一致性要求变高、太阳电池阵列铺装难度加大以及太阳电池高压放电等一系列问题。

（2）升压型 MPPT 调节。升压型 MPPT 调节就是串联调节器采用升压型拓扑结构。典型的升压型拓扑为 Boost 电路，其原理结构如图 2－21 所示。

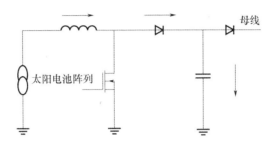

图 2－21　典型 Boost 降压拓扑电路

对 Boost 升压拓扑有 $V_o = 1/(1-D) \cdot V_{in}$，$D$ 为占空比，$D < 1$。与降压型拓扑相反，升压型拓扑按照最低温度设计，相比降压拓扑，太阳电池阵列输出电压大幅降低，就避免了太阳阵高压放电、单体电池一致性要求高等一系列问题，因此平流层飞艇能源管理系统一般采取升压型 MPPT 调节结构。

2. 配供电方式

要保证临近空间低速飞行器较长时间的任务飞行，需合理配置能源。一般而言，平流层飞艇、无人机等临近空间飞行器的电源系统的设计方案相似，即采用传统的辐射式集中供配电方式。在集中供配电方式下，所有用电设备都通过配电中心供电，在负载较少的情况下具有一定的便利性，且技术实现较为简单，便于直流系统的多模块并联工作，在国内外研制的临近空间飞行器上广泛使用。但随着飞艇体积、电子设备的数量和复杂程度的增加，电源功率也随之增大，集中供配电方式的弊端也日益显现：①组成电网设备质量过大，配电线路及电气负载控制繁杂、笨重；②线路损耗大，即配电中心至远端的低压配电线路损耗大等问题较为明显；③可靠性差，在这种配电方式下一旦配电中心受损，所有负载均断电，存在一定的安全隐患。

从国外航空领域的研究和实践来看，飞机配电目前发展的总趋势是分布式智能配电系统。分布式智能配电技术有以下优点：①实现负载的自动管理；

②提高供电系统的可靠性;③节约空间、减轻供电系统的质量;④提高配电系统的维护性;⑤提高配电系统的可操作性;⑥提高配电系统的可扩展性。临近空间飞行器也可参考该飞机配电方式,进行分布式智能配电。

分布式智能配电系统主要由负载管理中心和固态功率控制器(SSPC)通过高速总线相连接,组成一个分布式控制系统。其中负载管理中心是智能配电系统的核心,它负责整个系统中所有负载供电的综合处理和管理,图 2 - 22 是负载管理中心配电框图;SSPC 是控制计算机的执行器件,如图 2 - 23 所示,负责对系统中所有负载的供电进行监测、保护和控制,它主要由保护模块、电源模块和隔离模块三部分组成,如图 2 - 24 所示。

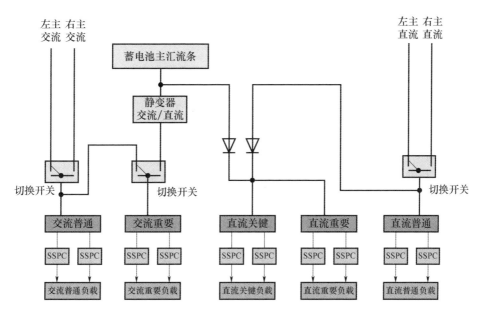

图 2 - 22 负载管理中心配电框图

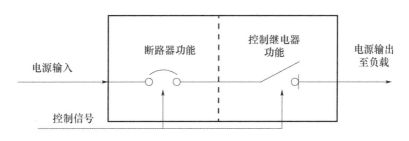

图 2 - 23 SSPC 功能框图

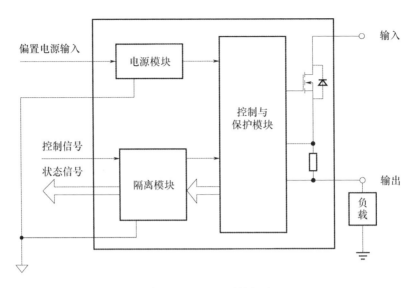

图 2 - 24　SSPC 系统组成

分布式智能配电系统按照标准化、模块化、通用化进行设计,维护方便,适用性强。在设计时,可以留足余量,需要增加负载时,直接在总线上增加固态功率控制器,一套系统可以重复使用,降低了飞行器改装试验的费用。此外,分布式配电模式是利用多个二次配电模块代替集中供配电方式中的功率中心,这些二次配电模块安装在飞行器的不同位置,对主电源电能进行隔离变换,飞行器上负载采用就近给电原则,由不同的供配电模块提供电能,这样可以有效提高供配电系统的容错能力和安全性能。

2.4　平流层飞艇能源系统建模仿真

再生能源系统是临近空间低速飞行器实现昼夜长期驻空的核心分系统之一,对飞行器的驻空时间、载荷能力、抗风能力等都具有重要影响。通过能源系统建模,开展工作过程仿真,模拟太阳能、储能与实时能耗之间的关系,进而估算临近空间低速飞行器续航时间,是能源系统分析与设计的重要内容,也是总体设计的重要方面。本节以平流层为例,介绍建模仿真方法。

2.4.1　坐标系定义

为描述太阳空间位置,进而计算太阳辐照强度,首先定义三个重要的坐标系,即地平坐标系、时角坐标系和赤道坐标系。

1. 地平坐标系

地平坐标系用于表示天体的高度和方位,如图 2 - 25 所示,它可以直观地表示观测者所见天体在天球上的位置。在这一个坐标系里,基圈是地平圈,主圈是子午圈,原点是南点。

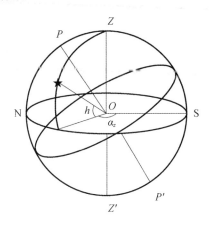

图 2 - 25　地平坐标系

第一坐标称为地平高度(h),即天体与地平圈的角距离,是天体与球心连线同地平面的交角,也就是天体的仰角。它以地平圈为起点,沿天体所在的地平经圈向上或向下度量,取值范围为 $0° \sim \pm 90°$。上为正,即天体在地平面之上,可见;下为负,即天体在地平面之下,不可见。高度的余角称为天顶距 $Z, h + Z = 90°$。

第二坐标称为方位角(α_2),它是天体对于子午圈的角距离,即天体所在地平经圈与子午圈的夹角。在天文学里,一般以南点为原点(起点),在地平圈上向西度量(沿天体周日视运动方向),即沿左手系方向,从 $0°$ 到 $360°$,南、西、北、东四点方位分别为 $0°$、$90°$、$180°$、$270°$。

太阳在天球上的位置常用地平坐标表示。日出和日落时的太阳高度是 $0°$,一天中太阳高度的最大值出现在正午。正午太阳高度有明显的季节变化。对于北半球,最大值出现在夏至,最小值出现在冬至。太阳高度为负值时说明在黑夜。

由于地平坐标系的基圈和主圈都有地方性,因此天体的地平高度和方位角随观测地点、观测时间不同而不同。

2. 时角坐标系

时角坐标系主要用于时间的测量与表示,如图 2 - 26 所示。在这个坐标系中,基圈是天赤道,主圈是子午圈,主点是天赤道与子午圈在地平圈以上的交点 Q,称为上点。副圈是天球上通过天极的大圆,称为时圈。

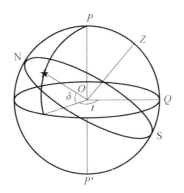

图 2-26　时角坐标系

第一坐标称为赤纬(δ),是天体相对于赤道的角距离,即天体视方向与天赤道平面的交角。以天赤道为起始,在天体所在的时圈上度量,南北均从 $0°$ 到 $\pm 90°$,按北半球的习惯,北为正,南为负。赤纬的余角称为极距(p)。

第二坐标称为时角(t),是天体相对于子午圈的角距离,即天体所在时圈与子午圈的交角。以上点 Q 为原点,沿天赤道向西度量,即沿左手系方向。它一般不用角度表示,而直接用时间单位时、分、秒表示,可记为 h、m、s,如 $6^h8^m12^s$。时角与角度的换算关系为 1h15°,1min15′,1s15″。

由于时角坐标系的基圈没有地方性,因此恒星赤纬不随观测地点、观测时间的变化而变化。由于主圈(子午圈)有地方性,因此观测地点、观测时间均影响时角。

3. 赤道坐标系

赤道坐标系中,基圈是天赤道,主点是春分点,主圈是春分圈(通过春分点的赤经圈),如图 2-27 所示。

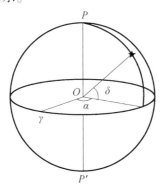

图 2-27　赤道坐标系

第一坐标是赤纬(δ),与时角坐标系相同,这是因为这两种坐标系的基圈相同。

第二坐标称为赤经(α),是天体相对春分圈的角距,以春分点为原点,沿天赤道向东度量,可用角度或时间单位表示。

赤道坐标系表示天体在纬向上与天赤道的距离,在经向上与春分圈的距离。在较短时期内,天赤道与春分圈的空间位置变化很小,所以在短时间内,周日运动和观测点不影响恒星的坐标。用这种赤经和赤纬注明的天体位置所编制的星表在较短时期内总是适用的。但是,由于地轴的进动,在较长时间内天体的赤经和赤纬也会有明显的变化。所以,星表都要注明编制的年份。

2.4.2　太阳空间位置与辐照强度

1. 太阳高度角

图 2-28 给出了太阳在地平坐标系中的位置。图中,h 为太阳高度角,α_z 为太阳方位角,正南方为 $0°$,左手向西度量。

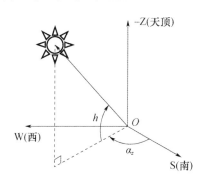

图 2-28　太阳的空间位置

太阳在地平坐标系的空间位置向量可用以上两个欧拉角来描述,即

$$S_g = [\cos h\cos\alpha_z, \cos h\sin\alpha_z, \sin h]^T \tag{2-1}$$

根据太阳在地平坐标系和时角坐标系中的位置关系,可得

$$\sin h = \sin\delta\sin\varphi + \cos\delta\cos\omega\cos\varphi \tag{2-2}$$

$$\cos h\cos\alpha_z = -\sin\delta\cos\varphi + \cos\delta\cos\omega\sin\varphi \tag{2-3}$$

$$\cos h\sin\alpha_z = \cos\delta\sin\omega \tag{2-4}$$

式中:δ 为太阳赤纬;ω 为太阳时角,φ 为当地纬度。

由于太阳高度角的范围为 $h \in [-90°, 90°]$，可根据式（2-2）直接计算得到太阳高度角。由于地轴相对公转轨道面的倾角保持不变，致使赤纬随日期变化。不同文献中关于赤纬计算的方法不尽相同，但计算精度基本相同。这里采用下式近似计算，即

$$\delta = 23.45\sin\left(360 \cdot \frac{284 + n}{365}\right) \tag{2-5}$$

式中：n 为从当年 1 月 1 日起算的天数序列。

时角根据如下近似公式计算，即

$$\omega = \begin{cases} \lambda_m - \lambda_0 - 360°, & \lambda_m - \lambda_0 > 180° \\ \lambda_m - \lambda_0, & -180° \leqslant \lambda_m - \lambda_0 \leqslant 180° \\ \lambda_m - \lambda_0 + 360°, & \lambda_m - \lambda_0 < -180° \end{cases} \tag{2-6}$$

式中：λ_m 为当地经度；λ_0 为赤经。$\lambda_m - \lambda_0$ 可表示为

$$\lambda_m - \lambda_0 = 15°(t + e - 12) + (\lambda_0 - \lambda_s) \tag{2-7}$$

式中：t 为当地平太阳时；λ_s 为当地时区的参考经度；e 为真太阳时与平太阳时之间的时差，可根据下式近似计算。

$$e = (0.0028 - 1.9857\sin\beta + 9.9059\sin2\beta - 7.0924\cos\beta - 0.6882\cos2\beta)/60 \tag{2-8}$$

$$\begin{cases} \beta = 2\pi(n - 1 - n_0)/365.2422 \\ n_0 = 78.801 + 0.242(y_{ear} - 1969) - f_{loor}[0.250(y_{ear} - 1969)] \end{cases} \tag{2-9}$$

式中：y_{ear} 为年；$f_{loor}[\ ]$ 为取一个数的整数部分。

2. 太阳方位角

一些文献基于式（2-4）推导得到下式，即

$$a_z = \arcsin\left(\frac{\cos\delta\sin\omega}{\cos h}\right) \tag{2-10}$$

通过式（2-10）来计算方位角。

当 $|a_z| > 90°$ 时，利用式（2-10）计算会出现错误，因为 $\arcsin(\cdot)$ 函数值域仅为 $-90° \sim 90°$。但从式（2-10）可得到一个结论：由于 $\delta \in [-23.45°, 23.45°]$，$h \in [-90°, 90°]$，则 $\cos\delta > 0$，$\cos h \geqslant 0$，方位角 a_z 与时角 ω 有相同的符号。

可以用式（2-3）推导计算方位角，即

$$a_z = \arccos\left(\frac{-\sin\delta\cos\lambda + \cos\delta\cos\omega\sin\lambda}{\cos h}\right) \tag{2-11}$$

arccos(·)函数的值域范围为 $[0°,180°]$,配合时角 ω 就可以得到方位角的计算公式,即

$$a_z = \begin{cases} \arccos\left(\dfrac{-\sin\delta\cos\lambda + \cos\delta\cos\omega\sin\lambda}{\cos h} \right), \omega \geqslant 0° \\ -\arccos\left(\dfrac{-\sin\delta\cos\lambda + \cos\delta\cos\omega\sin\lambda}{\cos h} \right), \omega < 0° \end{cases} \quad (2-12)$$

式(2-12)用来计算方位角略显复杂。观察式(2-2),某地的纬度不变,假设一天中的赤纬变化很小,高度角随时角变化,那么时角也可以表达成高度角的函数,即

$$\cos\omega = \frac{\sin h - \sin\delta\sin\lambda}{\cos\theta\cos\lambda} \quad (2-13)$$

将式(2-13)代入式(2-12),可得

$$a_z = \begin{cases} \arccos\left(\dfrac{\sin h\sin\lambda - \sin\delta}{\cos h\cos\lambda} \right), \omega \geqslant 0° \\ -\arccos\left(\dfrac{\sin h\sin\lambda - \sin\delta}{\cos h\cos\lambda} \right), \omega < 0° \end{cases} \quad (2-14)$$

式(2-14)与式(2-12)是等价的,但相比更加简单,方位角只和高度角相关,时角只用来判断方位角的正负。

3. 太阳辐照强度

太阳直接辐照强度是指在垂直于阳光射线的表面上,单位时间内投射到单位面积上的太阳直接辐射能量,即

$$\mathrm{SI} = I_0 \cdot \varepsilon \cdot \tau \quad (2-15)$$

式中:I_0 为太阳常数,$I_0 = 1367\mathrm{W/m^2}$;ε 为日地距离修正系数;τ 为大气透射率,可表示为

$$\varepsilon = 1 + 0.033\cos(2\pi n/365) \quad (2-16)$$

$$\tau = 0.5 \times (e^{-0.65m} + e^{-0.095m}) \quad (2-17)$$

式中:m 为大气质量系数,表示大气对地球表面接收太阳光的影响程度,为无量纲量,即

$$m(h) = \sqrt{1229 + (614\sin h)^2} - 614\sin h \quad (2-18)$$

考虑气压的影响,大气质量系数应当表示为

$$m(h,z) = m(h)\frac{P(z)}{P_0} \quad (2-19)$$

式中:P_0 为海平面的大气压;$P(z)$ 为高度为 z 处的大气压,由标准大气模型

求得。

图 2 - 29、图 2 - 30 分别为二分二至点全球平均太阳辐照强度和北纬 40°全天太阳辐照,图 2 - 31 为北纬 40°全年平均太阳辐照强度和最大太阳辐照强度。

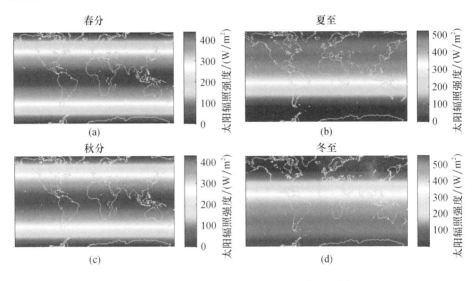

图 2 - 29　二分二至点全球平均太阳辐照强度

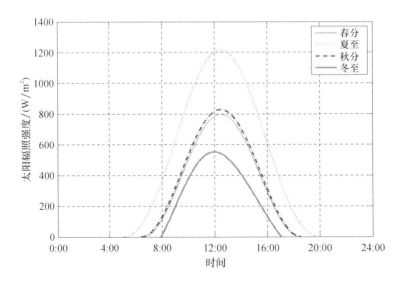

图 2 - 30　北纬 40°全天太阳辐照强度

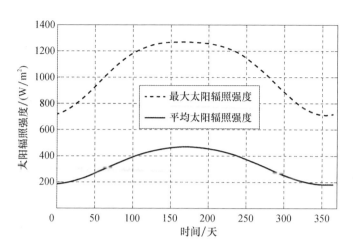

图 2 – 31 北纬 40°全年平均太阳辐照强度和最大太阳辐照强度

2.4.3 再生能源系统仿真模型

1. 太阳电池阵列铺装模型[15]

平流层飞艇可看做轴对称的椭球体,因为太阳电池组件的面积远远小于平流层飞艇表面积,可以假设飞艇上每个组件是近似平面。从平流层飞艇截面半径最大处正上方分别沿圆周方向和纵轴(x 轴)方向依次铺装太阳电池组件,并记录每一个组件的安装坐标(x_i,α_i),如图 2 – 32 所示。图中,R_i 为组件所在飞艇纵向横截面圆的半径,可由组件的纵向位置坐标 x_i 代入飞艇母线方程得到;α_i 为组件的安装角;N_i 为组件表面的法向量,由母线在 xOz 平面的法向量 N_z,绕 x 轴转动角度 α_i 得到。在每个横截圆面圆周上对应的圆心角都应达到安装范围角 θ。对铺排数量进行累加,计算太阳电池总面积,当该面积达到指定面积时停止铺排。

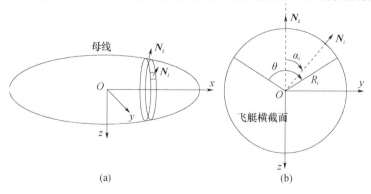

图 2 – 32 太阳电池组件铺装示意图

在平流层飞艇总体设计中,太阳电池的铺装面积通常是一个设计参数,在能耗水平不变的条件下,可以采用优化算法计算得到刚好满足能源供需平衡的最小太阳电池铺装面积值。图 2-33 为太阳电池曲面铺装示意图。

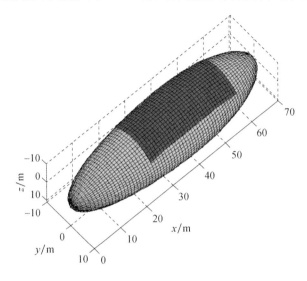

图 2-33   太阳电池曲面铺装示意图

2. 太阳电池阵列实时输出功率计算方法

太阳电池阵列输入功率计算方法:首先计算电池组件输入功率;然后进行累加。为计算单体表面的有效太阳直接辐照,必须先计算太阳入射方向向量与太阳电池单体法向量之间的夹角。由于太阳位置定义是在地平坐标系中,而单体位置定义是在艇体坐标系中,因此,首先将太阳方向向量转换到艇体坐标系中,即

$$\boldsymbol{S}_a = \boldsymbol{B}_g^a \boldsymbol{S}_g \qquad (2-20)$$

式中:$\boldsymbol{S}_a$ 为艇体坐标系中的太阳方向向量;$\boldsymbol{B}_g^a$ 为地平坐标系到艇体坐标系的坐标转换矩阵,且有

$$\boldsymbol{B}_g^a = \begin{bmatrix} \cos\psi\cos\theta & \sin\psi\cos\theta & -\sin\theta \\ \cos\psi\sin\theta\sin\phi - \sin\psi\cos\phi & \sin\psi\sin\theta\sin\phi + \cos\psi\cos\phi & \cos\theta\sin\phi \\ \cos\psi\sin\theta\cos\phi + \sin\psi\sin\phi & \sin\psi\sin\theta\cos\phi - \cos\psi\sin\phi & \cos\theta\cos\phi \end{bmatrix}$$

式中:ψ 为飞艇偏航角;θ、ϕ 分别为飞艇俯仰角、滚转角,通常较小可以忽略。

第 i 个电池组件法向量与太阳方向向量的夹角为

$$\cos\beta_i = \frac{\boldsymbol{N}_i \cdot \boldsymbol{S}_a}{|\boldsymbol{N}_i||\boldsymbol{S}_a|} \qquad (2-21)$$

第 i 个电池组件的入射辐射功率为

$$P = \begin{cases} IS_i\cos\beta_i, & \beta_i \in [0,90°) \\ 0, & \beta_i \in [90°,180°] \end{cases} \tag{2-22}$$

式中:S_i 为组件面积。在计算过程中,当 $\beta_i > 90°$ 时,表示太阳在当前组件所在切平面的下方,组件表面处于背光面,辐射功率为 0。

平流层飞艇太阳电池阵列某个时刻的总输入功率为

$$P_I = \sum_{i=1}^{N} P_i \tag{2-23}$$

式中:N 为太阳电池组件数量。

平流层飞艇太阳电池阵列某个时刻的总输出功率为

$$P_O = \eta \sum_{i=1}^{N} P_i \tag{2-24}$$

式中:η 为太阳电池光电转换效率。

利用 Matlab 编写飞艇表面接收辐照的仿真程序,可以动画显示飞艇表面的功率随时间的变化,如图 2-34 所示。

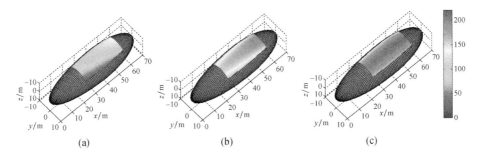

图 2-34 太阳电池阵列输入功率仿真结果 (28°N,112°E,海拔 20km)
(a)8:00;(b)10:00;(c)12:00。

2.4.4 再生能源系统昼夜运行仿真算例

1. 仿真方法

在日照充足的条件下,能源系统将太阳能转化为电能为系统供电并为储能电池充电;在日照不充足的早晨和傍晚,由太阳电池与储能电池联合为负载供电;在无日照时,则通过储能电池为艇上设备及载荷供电。平流层飞艇续航过程也就是这三种工作模式不断交替切换的过程,通过能源系统这几种工作模式的仿真可以对平流层飞艇续航时间进行估算。

仿真时一般采用如下假设条件:①储能电池的初始电量为充满,放电程度不超过最大放电深度,储能电池放电程度达到放电深度作为续航结束标志;②太阳电池与储能电池联合供电时,优先使用太阳电池,不足的电量由储能电池补足。

再生能源系统运行过程仿真的伪代码如表 2-3 所列。伪代码中的符号定义和参数取值如表 2-4 所列。

表 2-3 再生能源系统运行过程仿真的伪代码

1	$d = d_0, t = t_0, \text{SOC} = 1$	//日期、时间、储能电池电量初始化
2	**while** $(\text{SOC} \geq 1 - \delta)$	// 储能电池电量未达放电深度时反复执行
3	**if** $P_{\text{solar}} \eta_{\text{solar}} > P_{\text{motor}} + P_{\text{avion}}$ **then**	//当太阳电池输入功率大于负载需求
4	$W_{\text{charge}} = (P_{\text{solar}} \eta_{\text{solar}} - P_{\text{motor}} - P_{\text{avion}} - P_{\text{load}}) \eta_{\text{charge}} \Delta t$	//充电
5	$\text{SOC} = \text{SOC} + W_{\text{charge}} / W_{\text{full}}$	// 更新荷电系数
6	**if** $\text{SOC} > 1$ **then**	//当储能电池充满时
7	$\text{SOC} = 1$	//荷电状态置1
8	**else**	// 当太阳电池输入功率小于负载需求
9	$W_{\text{dischg}} = (P_{\text{motor}} + P_{\text{avion}} + P_{\text{load}} - P_{\text{solar}} \eta_{\text{solar}}) / \eta_{\text{dischg}} \Delta t$	// 放电
10	$\text{SOC} = \text{SOC} - W_{\text{dischg}} / W_{\text{full}}$	// 更新荷电系数
11	**if** $t \geq 24$ **then**	//跨过午夜零时
12	$t = t - 24$	// 时间更新
13	$d = d + 1$	// 日期更新
14	**end while**	
15	$T = (d - d_0) \times 24 + (t - t_0)$	//续航时间,单位为 h

表 2-4 符号定义和参数取值

符号	名称	单位
d	试验日期	
t	试验开始时间	
Δt	仿真步长	h
SOC	实时荷电状态	
W_{full}	额定电量	W·h
W_{charge}	实时充电电量	W·h
W_{dischg}	实时放电电量	W·h
P_{motor}	动力负载功耗	W
P_{load}	有效载荷功耗	W

续表

符号	名称	单位
P_{avion}	航电设备功耗	W
η_{solar}	太阳电池光电转化效率	
η_{charge}	储能电池充电效率	
η_{dischg}	储能电池放电效率	
T	实时续航时间	h

2. 仿真案例

以某总长度为 72m 的平流层飞艇为例,基于建立的能源系统模型,进行能源系统昼夜运行过程仿真。仿真采用的主要参数如表 2-5 所列。平流层飞艇工作地点为北纬 40°、东经 120°,在 18.3km 驻空高度的起始工作时间设定为 2016 年 7 月 25 日 20 时 0 分。

表 2-5　仿真参数设置

参数名称	参数值	参数名称	参数值
太阳电池阵列面积 /m²	65	储能电池放电效率	0.98
太阳电池转换效率	0.08	储能电池放电深度	0.95
储能电池质量/kg	130	推进系统功率/W	1320
储能电池质量能量密度/(W·h/kg)	200	有效载荷功率/W	500
储能电池充电效率	0.95	其余设备功率/W	500

能源系统仿真结果如图 2-35 所示。由图可以看出,白天太阳电池提供的电量能够满足负载需求,且能够把夜间耗完电的储能电池充满,除此之外还有部分剩余电量。但是,储能电池的电量无法满足整个夜晚的负载的能耗需求,到了 26 日凌晨 4 时 20 分左右,储能电池的电量达到放电深度,此时,太阳电池尚未发电,能源系统停止供电,飞艇驻空工作结束,续航时间累计为 32.33h。

改变平流层飞艇抗风策略,在保证一定区域驻留性能的前提下,昼夜采用差异化抗风。设定上午 8 时至下午 16 时,按 12m/s 抗风工作,下午 16 时至第二天上午 8 时,按 9m/s 抗风工作,飞艇可在次日 8 时回到原驻留位置。与前述仿真结果相比,由于第二天夜间负载需求降低,飞艇实现了跨夜飞行,但由于白天负载功耗提高,第三天白天储能电池未能充满,导致第四天 4 时 30 分储能电池达到放电深度,能源系统停止工作,累计续航时间 56.5 小时。仿真结果表明,调整能源系统昼夜功耗分配比例,可有效提升续航时间。

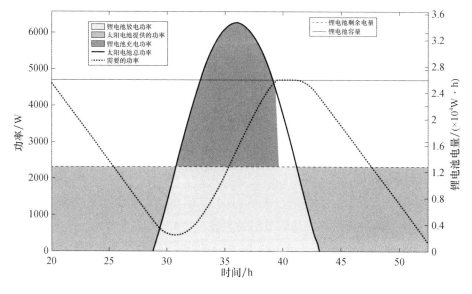

图 2 - 35　能源系统仿真结果

分析仿真结果可以看出,制约算例中平流层飞艇不能昼夜不停工作的原因是,太阳电池充电能力不足,导致储能电池白天电量不能充满,为此,将太阳电池光电转换效率提高至 8.5%,其余仿真条件不变,分析续航时间变化,仿真结果如图 2 - 36 所示。

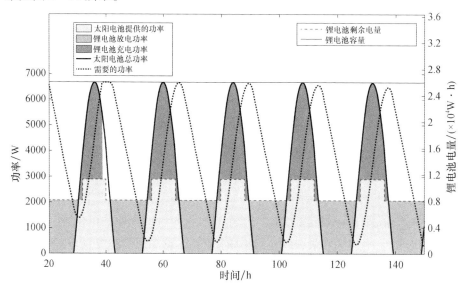

图 2 - 36　太阳电池光电转换效率提升后的仿真结果

由图 2-36 可以看出,由于太阳电池阵列输出功率增加,储能电池在第二天至第四天能够被充满,且能满足负载晚上需求。由于随日期变化,太阳辐射强度衰减,到第五天白天开始储能电池不再能够被充满,第六天白天荷电量进一步衰减,最后在 31 日凌晨 6 时储能电池达到放电深度,此时太阳电池输出功率不能满足负载需求,飞艇驻空工作结束,累计续航时间 130h,说明提升太阳电池光电转换效率,一定程度上可有效提升续航时间。仿真结果还表明,如要实现昼夜闭环,在能源系统设计中,需考虑太阳辐照随日期衰减因素,保持充足余量。

在上述仿真基础上,将储能电池质量能量密度由 200W·h/kg 提高至 212.5W·h/kg,提高幅度 6.25%,其余仿真条件不变,分析续航时间变化,仿真结果如图 2-37 所示。由图可以看出,虽然自第五天开始储能电池不再能够被充满,但由于储能电池质量能量密度提升,供电能力增强,仍可支撑整个夜晚负载需求,但随日期推进太阳电池辐射强度衰减,储能电池白天充电量逐渐减少,到第九天凌晨 5 时 30 分,储能电池达到放电深度,此时太阳电池输出功率不能满足负载需求,飞艇驻空工作结束,累计续航时间 177.5h,说明提高储能电池的质量能量密度,一定程度上可有效提升续航时间。

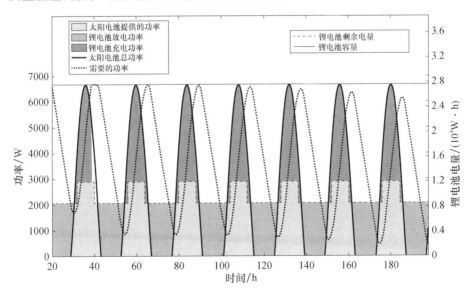

图 2-37 储能电池质量能量密度提升后的续航时间仿真结果

第 3 章

太阳电池技术

▶▶▶ 3.1　太阳电池技术概况

太阳能的利用方式主要有光热转换、光电转换和光化学转换,其中发展最快、最受关注的是光电转换方式,即通过太阳电池把太阳辐射能直接转换成电能(图 3-1)。

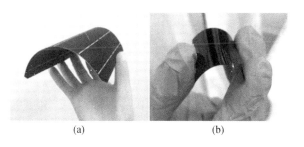

(a)　　　　　　　　　(b)

图 3-1　单晶硅太阳电池和薄膜砷化镓太阳电池图

3.1.1　太阳电池工作原理

太阳电池也称为光伏电池,其工作原理是基于半导体 PN 结的光生伏特效应。当 P 型与 N 型这两种不同掺杂类型的半导体相接触时,由于两种半导体中空穴和电子载流子的浓度不同,P 型半导体中浓度相对较高的空穴载流子向 N 型半导体扩散,而 N 型半导体中的电子载流子向 P 型半导体扩散,从而在两种半导体相接处产生空间电荷区,即 PN 结。形成的 PN 结阻碍两种载流子的进一步扩散,直至达到热平衡状态,此时在 PN 结形成电场方向由 N 型半导体指向

P 型半导体的内建电场(图 3 - 2)。当光照射太阳电池,那些能量 hv 大于或等于半导体禁带宽度 E_g 的光子,可以被吸收并产生光生电子 - 空穴对,统称为光生载流子。产生的光生载流子扩散到 PN 结并受内建电场影响而分开,在 N 型半导体一侧产生的光生电子留在 N 型半导体内,空穴则会向 PN 结扩散,进入PN 结后,即被内建电场推向 P 型半导体一侧;反之,在 P 型半导体一侧产生的空穴留在 P 型半导体内,光生电子被内建电场推向 N 型半导体一侧;而在 PN 结区附近产生的电子—空穴对,则立即被内建电场分别推向 N 型半导体一侧和 P型半导体一侧。因此,在被照射的太阳电池中,N 型半导体一侧积累大量的光生电子,而 P 型半导体一侧积累大量空穴,产生光生电动势。若在两边的电极间接上负载,则会产生光生电流。图 3 - 3 为太阳电池基本工作原理示意图。

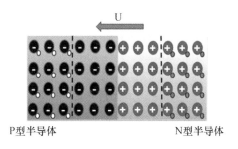

图 3 - 2　PN 结处形成的内建电场

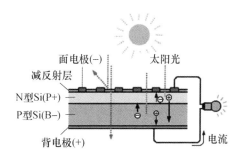

图 3 - 3　太阳电池基本工作原理

1954 年由贝尔(Bell)实验室研制出第一块太阳电池,光电转换效率约 6%[16](AM1.5)①,但是由于效率较低,而且造价偏高,因此没有商用价值。

1957—1969 年,美国和苏联开展太空竞赛,太阳电池开始应用于太空领域。

_____

①　本书除了特殊指出外,所有太阳电池效率均指该测试光谱条件。

1980年开始出现用于消费市场的太阳电池;到2004年,世界太阳电池的年产量达到1200MW,广泛应用于国民经济和国防科技的各个领域。

3.1.2 太阳电池的分类

太阳电池按照所用的光电材料类型可分为三大类,如图3-4所示。

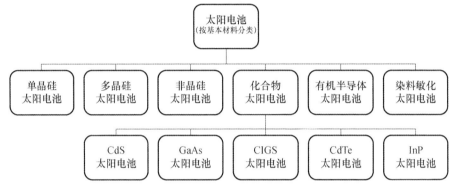

图3-4 太阳电池的分类

1. 晶体硅系太阳电池

晶体硅系太阳电池分为单晶硅(c - Si)和多晶硅(poly - Si)。晶体硅电池作为第一代太阳电池,发展得最早也最快,工艺稳定且成熟,其实验室最高转换效率26%,工业产品转换效率一般为19%~20%,早已实现商品化,占现有太阳电池市场份额的90%。但是,晶体硅太阳电池中大部分的晶体硅是起支撑作用,并未参与发电过程,因此晶体硅原材料大量浪费,且制作工艺复杂。

2. 无机半导体薄膜太阳电池

为了找到晶体硅太阳电池的替代品,人们开发出多种薄膜太阳电池,无机半导体类型的有非晶硅(a - Si)、碲化镉(CdTe)、铜铟镓硒(CIGS)、砷化镓(GaAs)代表的Ⅲ - Ⅴ族化合物,以及由以上物质组成的多结类型的太阳电池等。

非晶硅薄膜太阳电池在20世纪70年代世界能源危机时获得迅速发展,它的优点主要有:光吸收系数大,制造工艺相对简单,制造过程能量消耗较少;可以实现大面积及连续的生产,可以采用玻璃或不锈钢等材料作为衬底,因而容易降低成本;可以做成叠层电池结构,进一步提升转换效率。但非晶硅薄膜太阳电池存在光致衰退效应、薄膜沉积速率低的缺点。

CdTe电池是Ⅱ - Ⅵ族化合物,它的主要优点有:带隙与太阳可见光谱部分波段较为匹配,具有较高的理论效率;对可见光的吸收系数高,性能相对稳定;光生载流子迁移率较高,原料容易提纯。但是,因为镉的毒性会对环境造成危害,且碲的天然储量有限,这种薄膜太阳电池难以大批量生产,所以 CdTe 电池多用在一些特殊环境条件。

CIGS 是 $CuIn_{1-x}Ga_xSe_2$ 的缩写,它是一种 I-III-VI 族三元化合物半导体材料。由于它对可见光的吸收系数高,是制作薄膜太阳电池的优良材料。CIGS 电池有以下优点:可通过变化 $CuIn_{1-x}Ga_xSe_2$ 中 Ga 的含量,使半导体的禁带宽度在 1.04~1.65eV 间变化,非常适合于调整和优化禁带宽度;CIGS 电池是已知的半导体材料中光吸收系数最高的,达到 10^5cm^{-1},且是一种直接带隙的半导体材料,适合薄膜化,电池吸收层的厚度可以降低到 2~3μm,降低原材料的消耗;光电转换效率高,电池稳定且没有光致衰退效应。CIGS 电池的主要问题是:制造过程比较复杂,对元素配比敏感;关键原料如铟和硒,其天然储量相当有限;缓冲层材料多用硫化镉(CdS),其毒性对环境的影响不可忽视。

GaAs 电池属于 III-V 族化合物,它的能隙为 1.4eV,能耐高温,抗空间辐照能力强,利用匹配性多结电池,能够获得超过 40% 的转换效率,是空间太阳电池的理想材料。另外,除 GaAs 外,GaSb、GaInP 等 III-V 族化合物也可用于太阳电池制备。

3. 有机太阳电池

有机太阳电池作为新兴的第三代太阳电池,具有以下优点:有机材料一般密度比无机材料小,所成器件质量小,其比功率较高;有机太阳电池可在柔性或非柔性基底上成形加工,工艺灵活;有机太阳电池色彩丰富,便于装饰以及其他应用;生产能耗较低,污染较轻。

有机太阳电池是以有机材料实现光电转换功能的太阳电池,使用的有机材料包括含有大共轭结构的芘类、过渡金属配合物等有机半导体材料和有机染料分子以及含有染料分子的聚合物。有机太阳电池的工作原理与传统无机半导体光伏发电原理不同,以典型的染料敏化 TiO_2 电池为例,它是借助于染料作为吸光材料,染料中的价电子受光激发跃迁到高能态,进而传导到纳米多孔 TiO_2 半导体电极上,经由电路引至外部。失去电子的染料则经由电池中含碘的液态电解质获得电子。有机太阳电池起步较晚,从性能、稳定性等方面与成熟的硅系以及无机薄膜太阳电池相比还有较大的差距,还需要进行大量的研究。

在上述太阳电池分类中,单晶硅和多晶硅太阳电池为刚性硬质太阳电池;

非晶硅、化合物、有机半导体和染料敏化太阳电池一般为薄膜太阳电池,不同的支撑基底材料使薄膜太阳电池呈现刚性或柔性状态。不同种类太阳电池呈现的力学特性如表 3 - 1 所列。

表 3 - 1　不同种类太阳电池呈现的力学特性

类型	可选衬底	备注
单晶硅	—	硬质刚性
多晶硅	—	硬质刚性
GaAs	Si、Ge、GaAs 或 Ga 片	硬质刚性
	聚合物(Si、Ge、GaAs 或 Ga 片基底生长后剥离转移)	柔性
非晶/微晶硅 CI(G)S 有机半导体 染料敏化	玻璃	硬质刚性
	不锈钢等金属箔	柔性
	聚合物	柔性

3.2　薄膜太阳电池技术

3.2.1　硅基薄膜太阳电池技术

1. 国内外研究现状

高效轻质硅基薄膜太阳电池即在轻质柔性衬底上制备的非晶/微晶硅薄膜太阳电池,具有高的质量比功率,是临近空间低速飞行器用太阳电池的重要选择之一。

相对于晶体硅材料而言,非晶硅材料中原子或分子的排列不具有周期性,呈现出连续无规律网格排列,基于非晶硅材料特性制备的非晶硅薄膜电池,其工艺相对简单,发展比较成熟。自 1976 年 Carlson 和 Wronski 首次报道第一个非晶硅 a - Si(η =2.4%)太阳电池以来[17],人们在材料和电池结构等方面进行了广泛深入的研究,并取得了巨大的进展。1981 年,Tawada 和 Hamakawa 等采用 P 型 a - SiC:H 薄膜作为非晶硅太阳电池的窗口层,使非晶硅太阳电池的转换效率实现了历史性的突破,达到 7.1%[18]。1982 年,A. Catalano 使用 P 型 a - SiC:H,使单结非晶硅电池的转换效率达到了 10.1%[19]。1996 年,D. Fischer 等提出非晶/微晶叠层电池的设想,制造的双结电池光电转换效率初始值达到

13.1%,光电转换效率稳定值为 10%[20]。1997 年,J. Yang 等利用 a – Si/a – SiGe/a – SiGe 三结叠层结构,获得了光电转换效率初始值 14.6%、光电转换效率稳定值 13% 的电池[21]。单结非晶硅电池的转换效率较低,光致衰减严重。但是,随着技术的飞速发展,采用纳米硅、纳米锗硅材料和非晶硅材料组成多结叠层太阳电池(图 3 – 5),就可以获得较高的转换效率,稳定性也很好。

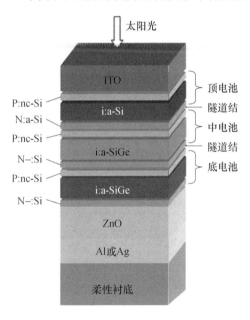

图 3 – 5　柔性多结硅基薄膜电池结构示意图

国际上从事高效轻质硅基薄膜太阳电池研制生产的主要单位有美国的联合太阳能公司(Uni – Solar)、ITFT 公司和日本的夏普、三洋、TDK 公司等。2000 年,美国俄亥俄州托莱多大学 X. Deng 等受美国国家可再生能源实验室(NREL)薄膜合作研究计划支持,在 7.5μm 柔性不锈钢箔上研制了单结非晶硅电池,其光电转换效率为 6.39%,质量功率密度达到 1080W/kg。2006 年,瑞士纳沙泰尔大学在 6μm 厚的透明聚酯膜上获得质量功率密度达到 4300W/kg 的柔性薄膜电池(面积 0.25cm²),创下柔性薄膜电池质量功率密度的世界纪录。2009 年 6 月,在美国举行的 IEEE 第 34 届太阳能年会上,联合太阳能公司报道了大面积实用化(400cm²)聚酰亚胺衬底电池(图 3 – 6),采用卷对卷批产技术,并制备集成化组件,质量功率密度超过 1600W/kg,最高达到 2000W/kg,效率达到 11.2%,整个组件的质量功率密度达到 565W/kg。这是目前实用化柔性薄膜电池及组件的质量功率密度最高的纪录。

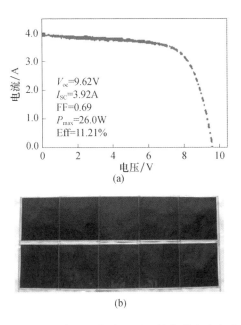

(a)

(b)

图 3-6 联合太阳能公司的柔性薄膜电池产品

用户使用的柔性薄膜太阳电池产品一般为模块化组件形式。目前,硅基柔性薄膜太阳电池模块化的制备工艺主要有两种方式:一种是在制备的电池片上制备栅线,采用外部的串联和并联方式互连,经引线、层压、填胶封装等工艺,完成模块的制备(图 3-7);另一种是在电池片制备过程中,利用激光划线等方法按照一定的图形设计(Patterning)在电池片内部形成一定数量的子电池以及子电池间串联和并联的内联式集成互连,再经后续的封装等工艺,完成单片到模块的制备(图 3-8)。两种工艺均有研究机构和公司采用。

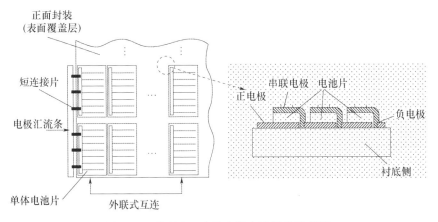

图 3-7 外联式互连的太阳电池模块示意图

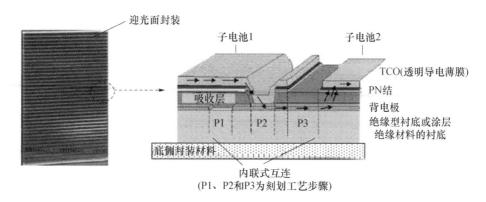

图 3 - 8　内联式集成互连的太阳电池模块示意图

临近空间低速飞行器对太阳电池组件质量尤为敏感,因此太阳电池组件质量占比较大的封装结构选择十分重要。超轻柔性薄膜太阳电池封装形式主要有两种:一种是以 Iowa 公司的 Powerfilm 为代表的覆膜式封装;另一种是涂膜式封装,是 Aerospace Corporation 公司在"Power Sphere"电源系统中提出的解决方案,联合太阳能公司也采用这种方式进行封装。

Iowa 公司的 Powerfilm 柔性薄膜太阳电池组件是一种多层膜复合结构,图 3 - 9 为 Powerfilm 柔性薄膜太阳电池产品。在薄膜电池的两侧用黏结剂将有良好耐候性的薄膜粘贴在电池上,实现对薄膜电池的保护。其中表面保护膜有防刮擦、耐水汽、抗紫外的功能,这种结构常用的工艺方法有滚压和层压两种。

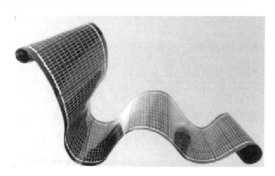

图 3 - 9　Powerfilm 柔性薄膜太阳电池产品

Aerospace Corporation 公司提出的涂膜式封装是针对卫星主能源应用需求提出的。如图 3 - 10 所示,涂膜式的柔性薄膜太阳电池组件结构简单,附加质量小。由于结构简单,减少了热失配程度,有良好的耐高低温交变的能力。这种结构的缺点在于涂布的保护膜同时起到了黏结和防刮擦、耐水汽、抗紫外等耐候的作用,对胶膜的改性研制要求较高。这种结构常用的工艺方法有喷涂、涂布等。图 3 – 11 所示为联合太阳能公司的涂膜式组件。

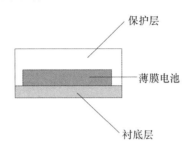

图 3 – 10　涂膜式封装结构示意图

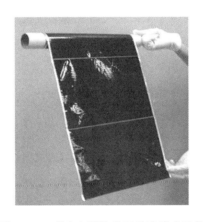

图 3 – 11　联合太阳能公司的涂膜式组件

　　我国非晶硅、CIGS 等薄膜电池研究始于 20 世纪 80 年代后期,主要分布在高等学校和研究机构中。由于这类电池技术较为复杂,发展前景不明朗,虽然先后被列入国家"八五"和"九五"期间攻关计划,但发展较为缓慢。2000 年,以双结非晶硅电池为重点的硅基薄膜太阳电池研究,被列入国家重点基础研究发展计划("973")项目,以玻璃衬底铜铟镓硒薄膜电池试验平台与中试线研发为重点的研究,被列入国家"十五"期间"863"能源技术领域的后续能源技术重点发展项目。但这些研究所涉及的电池衬底材料主要为玻璃。与玻璃衬底上的非晶硅薄膜电池相对比,由于柔性衬底自身特性使非晶硅薄膜太阳电池在材料生长、背反射电极以及透明导电膜的制备等各个方面都有很大的差别,因此,虽然我国玻璃衬底上的非晶硅薄膜电池的制备有一定技术基础,但并不能直接应用到柔性衬底上,柔性衬底薄膜电池技术的研究基本处于空白。

近几年,南开大学、上海空间电源研究所等单位开展了柔性非晶硅薄膜电池相关技术的研究。2005 年,南开大学在柔性衬底薄膜电池方面的研究取得了一定的进展,在 $0.115cm^2$ 的聚酰亚胺柔性衬底上获得单结非晶硅薄膜电池的初始效率为 4.84% ,质量功率密度为 $341W/kg$;2015 年,南开大学在 $0.25cm^2$ 不锈钢衬底上获得叠层非晶硅电池的效率为 13% 。上海空间电源研究所自 2005 年开始,开展柔性衬底上硅基薄膜太阳电池技术研究,叶晓军、周丽华团队在聚酰亚胺柔性衬底上制备的 $1cm^2$ 非晶/纳米晶叠层薄膜太阳电池转换效率达到 9.95% ,非晶/非晶锗硅薄膜太阳电池转换效率达到 10.2% ,非晶硅/非晶硅锗硅/非晶锗硅三结电池效率达到 13% ,图 3 - 12 是小面积($0.5cm^2$)高效叠层电池的效率曲线图。

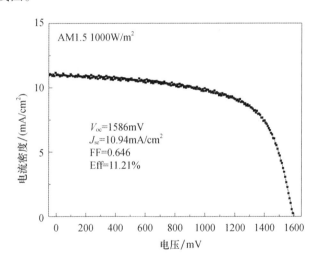

图 3 - 12　小面积高效叠层电池效率曲线图

在小面积高效非晶硅薄膜电池研究和已有设备基础上,采用来回走卷的方式在塑料衬底上进行了多结电池的小批量化生产,针对卷对卷生产中的氢气隔离、卷绕张紧力控制、大面积镀膜均匀性以及不同薄膜层沉积工艺的匹配开展了深入的研究,突破了大面积薄膜电池钝化、栅线印制等关键难题,具备在一定走速下子电池的连续化生长的能力,实现了双节电池制备的工艺技术,制备的柔性薄膜电池单体效率达到 8.5% ,且工艺稳定可重复。

在连续大面积柔性薄膜电池电路工艺方面,完成了激光刻划工艺技术研究,掌握了激光功率、重叠率等工艺参数与刻划效果的关系。在此基础上,实现了激光刻划结合激光打孔的电池内联电路集成,形成内联电池模块的效率达到

8%以上。

在柔性非晶硅电池模块制备基础上,进行组件设计与焊接拼装,并对焊接部位进行保护,研制的大面积高效轻质薄膜太阳电池组件效率超过 7.1%,面密度在 350g/m² 以下,质量功率密度达到 260W/kg 以上。

通过对制备的柔性电池进行紫外老练、高低温交变、湿热和热真空等环境试验表明,电池模块有一定的耐候性(图 3-13 ~ 图 3 ~ 16)。电池模块在连续480h 紫外辐照后,效率平均衰减 2.89%。电池模块经高低温交变试验后效率衰减 2.16%。电池模块经湿热环境试验后平均衰减 2.76%。电池模块经热真空试验后无明显衰减。

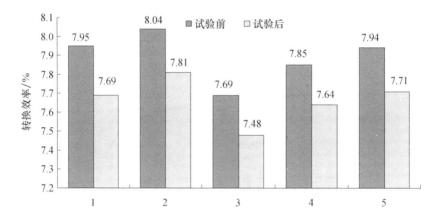

图 3 - 13 电池模块试验前后效率变化对比

(紫外辐射试验条件:波长 280 ~ 385nm;精度 ±15%;

功率密度 70W/m²;功率密度 30W/m²;幅照度均匀性 ≤ ±13%)

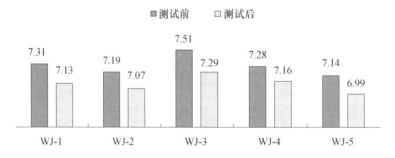

图 3 - 14 电池模块试验前后效率(%)变化对比

(高低温交变试验条件: -75 ~ 85℃高低温循环,每个极端温度下保持稳定至少 10min,

高低温交替 6 次为一个周期,循环两个周期)

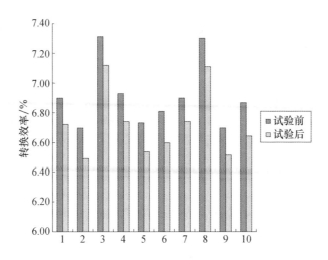

图 3 - 15　湿热环境试验前后电池效率变化

（湿热环境试验条件:温度为 85℃ ±2℃,相对湿度不小于 85% 环境下,保持 1000h）

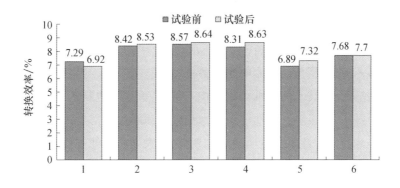

图 3 - 16　热真空试验前后电池效率变化

（热真空试验条件:在 10^{-3} Pa 条件下, $-92 \sim 90$℃高低温循环。第 1 个循环,

极端温度下分别保温 6h;第 2 个循环,极端温度下分别保温 2h;

第 3 个循环,极端温度下分别保温 6h）

总的来说,国内目前具备了非晶硅薄膜电池研制的技术基础,但是大部分研究和产品都是集中在玻璃衬底上,柔性衬底高效轻质薄膜电池的研究水平较国外有一定差距。

和国外先进水平相比,国内柔性高效轻质薄膜太阳电池研究的差距主要体现在以下几个方面。

（1）批量生产(简称批产)技术刚刚开始,电池效率偏低,国外已经建有上兆瓦甚至几十兆瓦的高效轻质电池生产线,最高效率达到 10% 以上,批量生产效率达到 8% 以上,已进入实用化阶段,进行了相关环境试验和飞艇挂飞试验。

(2)模块及组件技术刚刚起步。尽管开展了部分太阳电池模块及其组件的研制工作,由于受到单体电池产量的限制,模块及组件技术开展缓慢。以最成熟的非晶硅柔性薄膜太阳电池为例,上海空间电源研究所进行了模块及组件试验,已经实现了 $100cm^2$ 的模块,转换效率达到 8%,而大面积太阳电池组件实现了 $6m^2$,质量比功率达到 260W/kg,但批产技术、实用化水平和环境适应性方面的研究深度与国际的先进水平仍有差距。

2. 关键技术分解

从世界范围来看,为实现高效、轻质的实用化柔性衬底硅基薄膜太阳电池,各主要研究机构和公司主要从三个方面进行工作:一是采用多结叠层太阳电池结构提升转换效率;二是提高大面积薄膜材料的均匀性,并采用低温制备栅线、激光刻划等方法获得集成太阳电池组件;三是借鉴印刷工业中的卷对卷工艺,进行柔性衬底硅基薄膜太阳电池的连续镀膜中试及生产。

国内以上海空间电源研究所为主力的研究单位,就上述三个主要方面进行了关键技术分解,分解树状图如图 3-17 所示,共分为 3 层:第一层为高效轻质薄膜太阳电池技术;第二层包括单体电池制备技术、模块集成和封装技术以及组件技术;第三层是第二层技术的详细分解结构。其中,单体电池制备技术涉及单体电池结构设计技术、电极层卷对卷沉积技术和硅基薄膜层卷对卷沉积技术,模块集成与封装技术包括柔性薄膜电池激光刻划技术、大面积电池钝化技术、柔性薄膜电池栅线制备技术、柔性薄膜电池焊接技术和电池模块封装技术,组件技术包括组件设计技术、组件制备技术、组件电管理技术和组件热管理技术。

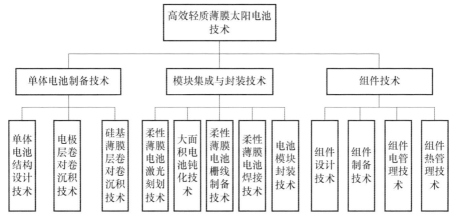

图 3-17 高效轻质薄膜太阳电池技术分解树状图

1）单体电池制备技术

单体电池制备技术采用镀膜、卷对卷沉积等技术,在聚酰亚胺柔性衬底上制备硅基薄膜单体电池,结构上单体电池具备了完整的光伏器件结构,包括正、负电极和有源层材料等,性能上该电池单体可实现一定的电性能输出,但输出的电流和电压较低,无法直接应用。单体电池制备的技术水平一定程度上影响最终的组件技术水平。

电极层卷对卷沉积技术和硅基薄膜层卷对卷沉积技术是单体电池制备技术中的关键。沉积的电极层和硅基薄膜层的材料性能将影响最终电池性能,而且采用卷对卷技术在聚酰亚胺塑料衬底上连续镀膜具有较大难度。

2）模块集成与封装技术

模块集成和封装技术采用激光刻划、焊接、封装等技术相结合,将单体电池按照一定的尺寸、性能要求制备成电池模块,电池模块为最终实用化组件的中间状态,其性能及环境适应性等对组件的最终性能具有决定性作用。

柔性薄膜电池激光刻划技术和电池模块封装技术是模块集成与封装技术中的关键。由于柔性衬底与传统玻璃衬底的物理特性有所区别,采用激光刻划技术在聚酰亚胺衬底上进行集成组件研制,具有较大的技术难度。而轻质薄膜电池的封装材料、封装工艺对产品最终的比功率、耐候性和应用状态具有影响。

在柔性薄膜电池模块集成与封装技术中,需要在电池正、负电极间加反向电压,减少由电池中缺陷导致的漏电现象,形成对大面积电池的钝化,该方法在不锈钢等衬底的电池制备过程中较为成熟,可参考借鉴。而柔性薄膜电池栅线制备技术和柔性薄膜电池焊接技术,也可借鉴其他类太阳电池较为成熟的栅线印刷技术,在传统电池、集成电路等焊接技术的基础上进行工艺优化。

3）组件技术

大面积组件技术是按照组件所需的尺寸、电学等性能要求,对电池模块进行串/并联、布片方式等进行设计,并采用焊接等技术将电池模块进行拼装,并对焊接点等部位进行保护等。同时,采用旁路二极管、隔离二极管等技术手段,对组件在不同应用状态下进行电管理,并根据组件使用环境要求,对组件进行相应的热设计和热管理,最终研制出满足使用要求的柔性薄膜电池组件。

组件技术涉及的组件设计技术、组件制备技术、组件电管理技术、组件热管理技术可借鉴刚性电池组件技术。

3. 关键技术研究情况

针对技术分解中的关键技术,上海空间电源研究所为主力的研究单位开展了关键技术攻关。

1）卷对卷沉积技术

背反射电极是柔性硅基薄膜太阳电池沉积在塑料衬底上的第一层材料,因此其在衬底上的附着力直接影响整体电池的质量以及可靠性。此外,在柔性薄膜太阳电池中的金属化背反射电极不仅作为背电极使用,同时还起到了背反射器的作用,即通过表面织构将未被吸收的太阳光反射到电池的吸收层,从而提高太阳光的利用率。但是,如果背反射器的织构化过于严重则会导致电池刺穿,造成电池短路,因此需深入研究背反射的制备工艺参数,以制备出既能够增强反射又不造成电池短路的背反射器。

柔性衬底上的薄膜太阳电池采用聚酰亚胺薄膜作为衬底材料,由多层沉积薄膜叠加而成,薄膜之间会由于热膨胀系数和弹性模量的差异难以较好接触（表3-2）,或者由于薄膜材料性质之间的差异,后续薄膜无法顺利生长。由表3-2可知,相对于不锈钢衬底,聚酰亚胺的热膨胀系数与弹性模量与硅基薄膜相差更大,若不采取相关措施,在采用等离子增强化学气相沉积（PECVD）方法沉积的硅基薄膜材料时,很容易出现薄膜整体脱落的情况。

表3-2 衬底与薄膜材料的结构参数

材料	密度/(g/cm^3)	热膨胀系数	弹性模量/GPa
不锈钢	8	1×10^{-5}	200
聚酰亚胺	1.2	1.6×10^{-5}	5
银		2×10^{-5}	$69 \sim 80$
氧化锌		$2.9 \times 10^{-16} \sim 4.75 \times 10^{-6}$	
硅基薄膜		$0.33 \times 10^{-16} \sim 2.66 \times 10^{-6}$	$35.50 \sim 275$

氩离子轰击预处理聚酰亚胺衬底不仅有清洁衬底表面的作用,通过控制溅射功率还可适度地增加表面粗糙度,增强沉积薄膜和衬底之间附着力。此外,衬底表面粗糙度的增加还会使背反织构增强,从而增强光的反射和利用。研究表明,通过等离子体轰击聚酰亚胺表面,对提高其与金属薄膜之间的附着力有很大作用。等离子体处理对聚酰亚胺的影响有几个方面:在轰击过程中聚酰亚胺的表面形态由光滑变得粗糙,增大了表面积;可形成功能基团（亲水基团）,使聚酰亚胺衬底表面与金属更容易黏连,或者使聚酰亚胺薄膜表面的自由能增加。通过改变轰击等离子体的种类、轰击电流和轰击时间等条件,可以改善薄膜和衬底之间的附着力,防止薄膜材料脱落。

保持本底真空$(4 \times 10^{-4} \text{Pa})$和工作气压$(1.2\text{Pa})$不变,改变轰击功率和轰击时间等工艺参数进行比较,如图 3-18 和图 3-19 所示。增加轰击时间或增加轰击功率对提高亲水性有利,但轰击时间太长或轰击电流过大时亲水性反而变差,说明等离子体轰击电流和轰击时间存在最佳值,原因是过度的等离子体轰击,会破坏原来轰击形成的官能团(亲水基)。在对聚酰亚胺衬底薄膜进行等离子体处理过程中,放电时真空室内气压大小对处理效果也有影响。通常放电时气压要尽量低一些,这样离子受到的散射较少,其平均自由程较大,到达聚酰亚胺表面后的能量相对较高。

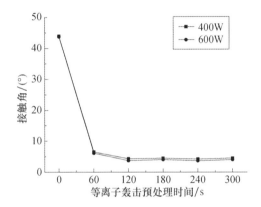

图 3-18　聚酰亚胺表面水滴接触角与等离子体轰击时间关系

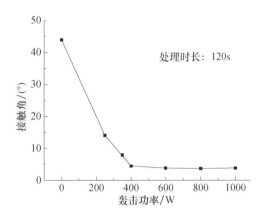

图 3-19　聚酰亚胺表面水滴接触角与等离子体轰击功率关系

图 3-20 是聚酰亚胺薄膜溅射 Ag 薄膜的剥离强度与采用相同参数等离子体处理的聚酰亚胺膜表面水滴接触角的关系曲线,由图可以看出,随着聚酰亚胺表面水滴接触角的减小,剥离强度是增大的。

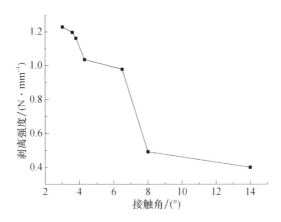

图 3 - 20　聚酰亚胺薄膜溅射 Ag 薄膜的剥离强度与
聚酰胺膜表面水滴接触角的关系曲线

选择溅射气压 1.2Pa，溅射功率 600W，处理 120s 作为衬底表面预处理工艺，综合表 3 - 3 和表 3 - 4 所列的 Ag 薄膜内部应力与溅射功率和气压的对应关系，以溅射气压 1.2Pa、溅射功率 300～400W 的优化工艺条件来制备低应力 Ag 薄膜。与附着力测试分级示意图对比，这种处理工艺可达到附着力最好的 0 级，解决了电池在后续制备过程中剥落问题。

表 3 - 3　溅射功率对 Ag 薄膜应力的影响

溅射气压/Pa	1.2			
溅射功率/W	200	300	400	600
应力/MPa	-45	-62	-88	-251

表 3 - 4　溅射气压对 Ag 薄膜应力的影响

溅射功率/W	300						
溅射气压/Pa	0.3	0.5	0.7	0.9	1.2	1.6	1.8
应力/MPa	-270	-205	-143	-62	-63	-63	107

在 nip 结构的非晶硅太阳电池中，为了能够吸收足够多的光，电池需要很厚的 i 层。而少子的扩散距离只有 5000Å，若 i 层太厚则会影响载流子收集。研究表明，在厚度小于 300nm 非晶硅电池中增加对太阳光的吸收，特别是长波光的吸收，其有效办法是采用陷光结构，形成朗伯体（Lambertian）无规表面，以降低表面的光反射，增加薄膜内的光散射，同时增加背表面的光反射率。好的背反射效果往往可以显著提高电池性能，理想状态下，薄膜电池的

绝对效率可以提高 1.5%。

在薄膜电池的结构中,Ag/ZAO 复合背反射电极是常用的电极结构,ZAO 层既起增强反射的作用,又起阻挡 Ag 向 n 型层扩散的作用。由于 Ag 对可见光的反射效果比不锈钢和其他一些金属好,在柔性衬底的电池中,Ag 的应用会显著提高电池性能。但是对于 PI/Ag/ZAO/nip/ITO 结构的电池,由于 n、i、p、ITO 4 层的总厚度只有 600nm 左右,作为背底的 Ag/ZAO 层如果厚度不均匀就会形成火峰,导致薄膜电池短路。所以需要在保证薄膜均匀的前提下,制备具有较好的背反射 Ag/ZAO 层。

采用磁控溅射沉积法制备 Ag/ZAO 复合背反射电极,背反射电极的织构化主要由 Ag 膜的沉积温度决定,根据 AFM 测试结果(图 3 - 21),120℃的 Ag/AZO 背反相对平整;在 240℃以下织构的 Ag/AZO 背反呈针状,点凸起;280℃的 Ag/AZO 背反初步呈现线状凸起;350℃的 Ag/AZO 背反表面织构为较大的凸起包,这样的织构是比较理想的,但是该条件下获得的背反表面粗糙度最大,造成大面积电池的成品率低,电池中短路点多,电池性能不佳。图 3 - 22 是几种背反样品制作电池的光谱响应(QE)曲线。从 QE 曲线看出,随着背反温度升高,长波区域的响应更好,短路电流也更大,280℃背反对应的电池长波响应最好,该温度下沉积的 Ag/AZO 双层背反器更适合电池研制。

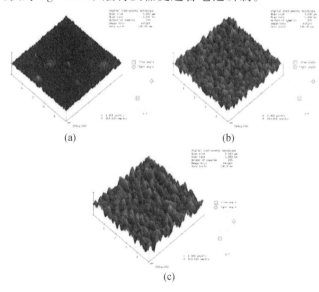

图 3 - 21　几种代表性样品的 AFM 三维图像

(a)120℃;(b)200℃;(c)280℃。

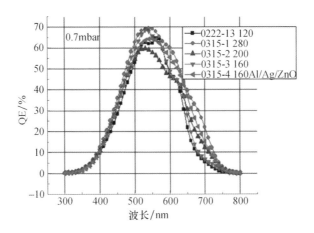

图 3 - 22　几种背反样品制作电池的 QE 曲线

在非晶硅薄膜太阳电池中,P 型层采用纳米结构硅基薄膜可有效地降低 P 层材料的光损失,提高电池开路电压和提升短波段利用率,从而提高电池的性能,因此 P 型纳米硅材料的研究尤为重要。从氢化纳米硅薄膜生长机理及硼掺杂规律研究出发,通过多个关联工艺参数的优化,成功制备了高带隙 P 型纳米硅,并进行了器件验证。

图 3 -23 是功率、气压、温度等保持不变状态下,改变工艺气体中硅烷与氢气量比制的薄膜中晶态体积比随硅烷浓度百分比含量的变化关系。结果显示,在 PECVD 生长制备过程中,硅薄膜的晶格生长主要受硅烷浓度的影响,硅烷浓度由小到大增长过程中,薄膜由微晶向非晶转化,即薄膜中的晶态体积比减小。氢气稀释程度的增加,提升了薄膜结构的有序度,同时薄膜的稳定性增强。此外,在高氢稀释条件下制备的薄膜结构,沿生长方向并不是均匀分布的,而是随着薄膜厚度的增加,纳米晶成分呈现逐渐增多的趋势,薄膜的表面粗糙度也增加。

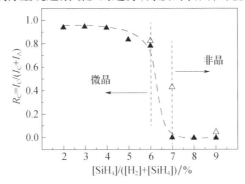

图 3 - 23　薄膜中的晶态体积比随硅烷浓度的百分比含量的变化关系

采用光面石英玻璃作为衬底,对比研究不同工艺条件下的 P 型硅基薄膜特性,可得到不同的材料成分。通过对不同工艺条件下生长的硅基薄膜的拉曼光谱特征峰分析,得到如表 3-5 所列结果。在表中,样品 B 显示纳米硅结构特征(样品 A 类似),样品 C 显示非晶硅结构特征;样品 D、F 显示微晶硅结构特征(样品 E 处于两者之间),但晶化率有所不同。通过上述分析结论,认为在高功率密度、高氢稀释、高气压、低温(50~150℃)下可以获得 P-nc-Si:H,而在低功率密度、高氢稀释、低气压[0.6Torr(1Torr = 133.3Pa)]、高衬底温度(200℃)下生成的是 P 型微晶硅薄膜(P-μc-Si:H);功率过高,由于高速粒子的轰击,薄膜也将变为非晶硅薄膜。

表 3-5　不同工艺条件 P 型硅基薄膜制备参数

(样品 A、B、C 厚度约 300nm,样品 D、E、F 厚度约 50nm)

样品工艺条件	氢稀释比 ($H_2 : SiH_4$)	功率密度/ (W/cm^2)	气压/Torr	沉积温度/℃
A	166	0.7	2	50
B	同样品 A,增加薄膜生长前采用氢气进行表面处理			
C	同样品 B,提高溅射功率至 $1.2W/cm^2$			
D	200	0.275	0.6	200
E	200	0.24	0.6	200
F	200	0.024	0.6	200

通过系列测量及线性拟合研究,得到不同温度 P 层的激活能,结果显示:50℃ P 层膜的激活能很小,只有 0.02eV,暗电导率很大,达 10.05S/cm,具有微晶硅低激活能高暗电导率的特征;而 70℃、100℃ 和 150℃ 的样品,激活能都约为 0.07eV,暗电导率也很高,但低于 50℃ 时的电导率。通过对 50℃ 不同掺杂浓度下制备出的薄膜材料的激活能测定,得到了掺杂浓度与激活能的对应关系(图 3-24),从图可以看出,开始激活能随着掺杂浓度的增加快速降低,当浓度增加到 $1 \times 10^{19} cm^{-3}$ 后激活能降低缓慢。

根据上述研究结果,采用优化的工艺制备 P 型材料,并应用到非晶硅单结电池中进行验证,电池结构为聚酰亚胺/Ag/AZO/n-a-Si:H/i-a-Si:H/p-nc-Si:H/ITO。最终制备的电池测试对比结果如表 3-6 和图 3-25 所示。可以看出,采用 P 型氢化纳米硅作为硅基光伏器件的窗口层,其较宽的带隙极大提高了器件的开路电压,电池效率也得到提升。

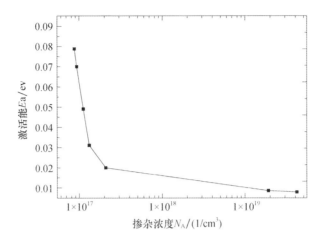

图 3-24　掺杂浓度与激活能对应关系

表 3-6　不同工艺 P 层的光伏器件 $I-V$ 参数

P 层	V_{oc}/V	J_{sc}/（mA/cm²）	FF	Eff	P 层
B	0.942	11.540	0.734	7.98	纳米硅
C	0.745	12.188	0.658	5.98	非晶硅
F	0.526	12.580	0.644	4.26	微晶硅

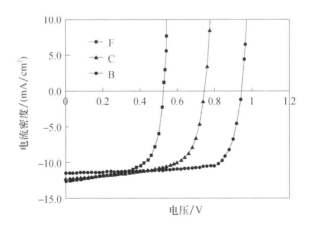

图 3-25　不同工艺 P 层的光伏器件 $I-V$ 测试图

　　薄膜材料沿幅宽方向上的厚度不均匀性,将影响电池在不同区域的光电性能,导致大面积薄膜太阳电池性能下降,一般认为厚度误差应小于 ±5%。但是在卷对卷镀膜过程中,由于长跨度卷绕,柔性聚酰亚胺衬底在长达 10m 的跨度下毫无支撑,衬底无法完全平整,实现均匀镀膜尤为困难。

　　通过研究衬底厚度、沉积气压以及衬底温度等工艺参数的影响,发现非晶硅薄膜太阳电池在常规沉积温度(230℃)和沉积气压(1mbar)下,改变卷绕张力并不能有效提高镀膜均匀性。分析认为,主要是由于衬底受张力后呈现波浪状(图3-26),使衬底与下电极之间的距离存在差异,而在 PECVD 工艺中,电极距离对薄膜材料的生长速率有极大的影响,且随温度和张力的提高,这种问题更为严重。

　　根据上述试验结果,分析对设备进行改造,增大电极距离,减小电极距离对厚度均匀性带来的影响。结果表明,经过电极改进,薄膜均匀性明显提高,各腔室镀膜均匀性均优于5%,达到硅基薄膜太阳电池的制备工艺要求。

图 3 - 26　研究中发现衬底受张力后呈现波浪状

　　卷对卷技术制备柔性薄膜太阳电池,电池性能和批产成品率不仅受沉积工艺参数影响,同时卷绕工艺参数也在很大程度上影响了薄膜太阳电池性能和成品率。

　　图 3 - 27 是卷对卷 PECVD 工艺过程中柔性衬底在腔室中的卷绕示意图,由于柔性衬底与沉积腔室布气盒的上边缘间距非常小,此设计有利于辉光集中,从而制备高质量薄膜材料,但也极易使柔性衬底的薄膜沉积表面与布气盒顶端发生摩擦,造成划痕,影响电池性能和成品率。同时,由于柔性衬底是通过两端的卷绕装置提供张力达到绷紧状态,柔性衬底在张力牵拉下并不能完全保持平整,而是呈现出图 3 - 27 所示的波浪状,从而使柔性衬底在某些区域更易与布气盒顶端接触,造成走卷过程中摩擦。另外,由于工艺过程中的加热温度影响,也会引起衬底材料的起伏。因此,需要对卷绕工艺进行优化。经过试验验证,采用程序化周期性调整薄膜卷绕张力的方法,能够实现聚酰亚胺薄膜(PI)衬底加热沉积平整无褶皱的效果。

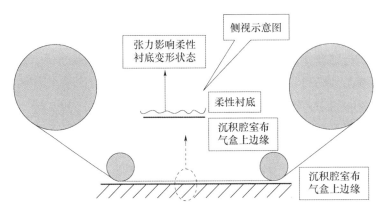

图 3 - 27　卷绕示意图

2)柔性薄膜电池激光刻划技术

　　制备大面积内联集成式组件是实现硅基薄膜太阳电池大规模生产的基础。采用激光刻蚀可大大简化内联集成太阳电池组件的制造工序,降低成本,且激光刻蚀的刻槽宽度比较窄,可以增加整个器件的有效面积。激光刻蚀已经成为薄膜太阳电池制造中的重要技术之一。

　　不同于玻璃衬底,柔性衬底硅基薄膜太阳电池,激光划线要从电池入光面(ITO)进行划线(图 3 - 28),由于激光划线时会受到相邻膜层材料的影响,很大程度上增加了激光加工的难度。

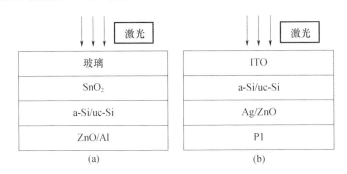

图 3 - 28　玻璃衬底与 PI 衬底薄膜太阳电池激光加工方式

　　经典的激光划线制备集成内联组件的方式是每生长一层材料后,进行一次激光划线,对应于柔性薄膜太阳电池(图 3 - 29),溅射完成 Ag/ZnO 后激光刻划 P1、沉积 a - Si 后激光刻划 P2、溅射 ITO 后激光刻划 P3,但实际测试发现电池的互联效果不明显。

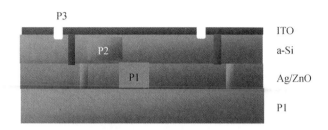

图 3 - 29　三次激光刻划制备的集成内联电池结构示意图

通过对激光划线工艺的优化研究,在尝试互联槽工艺优化(图 3 - 30)、激光划线—丝网印刷—化学刻蚀组合方式、绝缘工艺优化(图 3 - 31)后,验证采用激光打孔方式进行电池的级联能够实现较好的电连接效果。

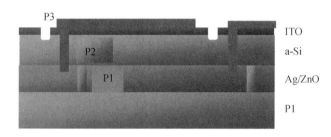

图 3 - 30　激光刻划结合丝网印刷制备集成内联电池结构示意图

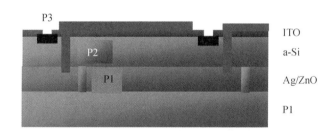

图 3 - 31　激光刻划结合印刷及绝缘工艺制备集成内联电池结构示意图

激光打孔内联电池组件是由多个激光打孔电池组成的,单片打孔电池结构如图 3 - 32 所示。制备流程如图 3 - 33 所示,首先,在 PI 衬底上溅射 Ag/ZnO 背反层,并用激光刻槽 P1,将背反层分隔成多个电学绝缘的区域;其次,放入 PECVD 中沉积 a - Si 吸收层,之后溅射 ITO,在没有溅射 ITO 的区域划线 a - Si (P2),目的是将背反射层引至电池表面;再次,在电池的另一端,刻槽 P1 的外侧,平行于 P1,打贯穿孔 P3;最后,根据设计的网版印刷导电银浆,完成电池栅线印刷,并用银浆填充 P1 及 P3。内联组件的两子电池的互联结构如图 3 - 34

所示,将前一单片电池的背电极与后一单片电池的前电极连接。

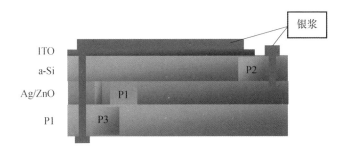

图 3 - 32　单片打孔电池结构示意图

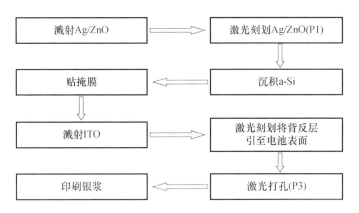

图 3 - 33　激光打孔内联电池制备流程

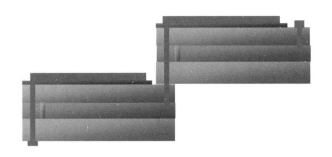

图 3 - 34　两子电池的互联结构示意图

在卷对卷连续镀膜、电池电流匹配、宽带隙 P 型材料等工艺优化基础上,采用上述工艺制备内联电池组件,如图 3 - 35、图 3 - 36 所示,三节电池组件尺寸为 $10\,cm \times 10\,cm$,电池效率达到 8.32% 以上($V_{oc} = 5180.16\,mV$, $I_{sc} = 396.02\,mA$, $FF = 0.576$, $Eff = 8.32\%$)。

图 3 - 35 三节内联电池组件

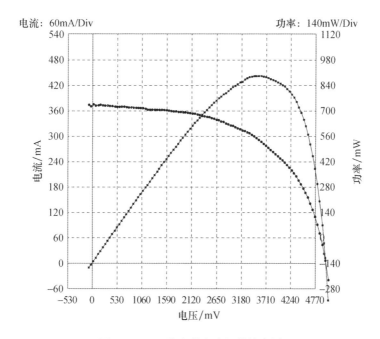

图 3 - 36 三节内联电池组件效率图

3)电池模块封装技术

涂覆式封装是利用高分子物质的胶黏剂在薄膜电池表面涂上一层薄薄的、连续致密的特定涂层。涂层的厚度可以根据需要进行调整。涂覆式的柔性薄膜太阳电池组件结构简单,附加质量小。由于结构简单,减少热失配的程度,有良好的耐高低温交变的能力。

通过优化喷涂速度、喷涂气压、胶液黏度、固化温度、时间等参数的调节,获得了优化的工艺条件。在保证涂覆牢固,厚度均匀一致的前提下尽可能地降低涂覆量,减少柔性薄膜电池的封装附加质量,并保持了良好的透光率。涂覆封装前后电池开路电压平均衰减为 0.09%;电池短路电流密度平均衰减为0.15%;电池填充因子平均衰减为 0.23%;电池转换效率平均衰减为 0.47%,无太大变化(如图 3-37~图 3-40)。

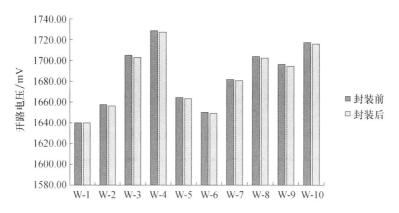

图 3-37 电池封装前、后开路电压变化对比

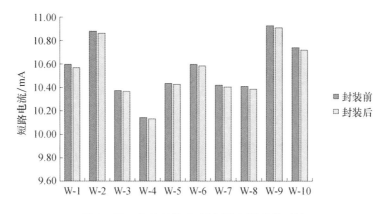

图 3-38 电池封装前、后短路电流变化对比

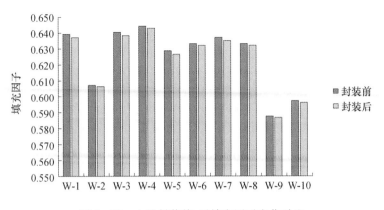

图 3 – 39　电池封装前、后填充因子变化对比

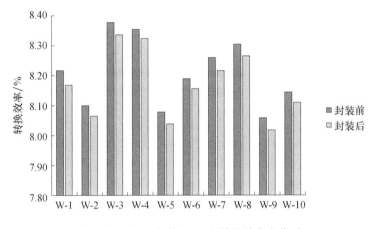

图 3 – 40　电池封装前、后光电转换效率变化对比

　　柔性薄膜太阳电池采用涂覆封装在电池表面喷涂形成保护层,"三明治"式结构的层压封装对电池的前后表面进行保护,使电池处于与外界完全隔离的密封环境,具有抗机械损伤性和环境耐受性。

　　优化的柔性太阳电池层压封装结构,在电池受光面使用的聚合物主要包括乙烯 – 醋酸乙烯共聚物(EVA)和乙烯 – 四氟乙烯共聚物(ETFE),高性能的ETFE 是具有很强透光性的聚合物。将串并联好的太阳电池与 ETFE、EVA 胶膜从上至下叠放成 ETFE – EVA 胶膜 – 太阳电池 – EVA 胶膜 – PET 的 5 层结构,放入 70℃的层压机中,在 135 ~ 145℃层压温度下层压 15 ~ 25min。封装后太阳电池模块的开路电压、短路电流密度、填充因子及转换效率等性能均没有明显衰减,结果如表 3 – 7 所列。

表 3－7　层压封装前后模块电性能参数对比表

编号	封装前后	V_{oc}/mV	J_{sc}/(mA/cm^2)	FF	η/%
M－1	before	17013.8	10.36	0.628	8.18
	after	17011.15	10.33	0.625	8.12
M－2	before	16777.88	10.41	0.613	7.91
	after	16769.29	10.39	0.611	7.87
M－3	before	16978.28	10.24	0.623	8.01
	after	16971.2	10.21	0.622	7.97

3.2.2　铜铟镓硒薄膜太阳电池技术

1. 国内研究现状

CIGS 薄膜太阳电池属于第二代电池,自 20 世纪 70 年代以来取得迅速发展,成为世界各国光伏研究和投资的热点之一。CIGS 薄膜太阳电池可以玻璃为衬底,也可在不锈钢、钼、钛、铝和铜等金属箔材料及聚酰亚胺等柔性衬底材料上制造。NREL 于 2000 年在不锈钢衬底上制备的 CIGS 太阳电池转换效率达到 15.2%(AM0),[22] 但是不锈钢密度较大,并不是临近空间飞行器用柔性薄膜太阳电池的理想衬底材料。高温 PI 是唯一可以承受 400℃以上高温且不分解的聚合物材料,短时间可承受 500℃的真空沉积薄膜工艺过程,是发展高比功率的轻质柔性太阳电池首选衬底材料。

1996 年,美国国际太阳能发电技术公司(International Solar Electric Technology,ISET)报道了第一块 PI 衬底的 CIS 薄膜太阳电池[23]。1999 年,瑞士 ETH公司在 NaCl/玻璃上旋涂制备 PI,并在此衬底上制备了 CIGS 电池,完成器件制备后用水溶化 NaCl 缓冲层,剥离出柔性 PI 衬底的 CIGS 电池,电池效率达到12.8%[24]。6 年后,ETH 通过优化工艺,将 PI 衬底电池效率提升至 14.1%[25]。2013 年 1 月,瑞士联邦材料科学与技术研究所(EMPA)对共蒸发三步法和掺 Na工艺进行了改进,制备了最高效率达到 20.4%的 CIGS 薄膜太阳电池,创造了新的世界纪录。同时,使用激光划线的方法实现了基于 PI 衬底小组件电池的单片集成,电池组件效率超过了 12%。EMPA 的研究团队与 Flisom 公司合作,从事 PI 衬底 CIGS 薄膜电池组件的研发,继续优化低温共蒸发技术和掺 Na 工艺将进一步提高 PI 衬底上 CIGS 薄膜电池的效率;同时,改进组件电池的级联划线技术和后续封装工艺,为产业化发展奠定技术基础。

美国 Ascent Solar 公司的 PI 衬底 CIGS 薄膜太阳电池组件技术曾处于世界领先水平,其基于卷对卷蒸发技术沉积 CIGS 薄膜太阳电池,组件平均效率超过 11%。Ascent Solar 公司曾向"沉默鹰"无人机技术(SFUAS)公司提供安装于"沉默鹰"无人机机翼上的柔性 CIGS 薄膜太阳电池模块,该无人机于 2014 年 5 月成功首飞。

国内总体上讲,CIGS 薄膜太阳电池研究起步较晚。中国电子科技集团公司第十八研究所、南开大学、清华大学等先后开展了 CIS、CIGS、CIGSS 太阳电池的研究工作,目前柔性 CIGS 太阳电池小面积样品的转换效率已达到 9~11% (AM1.5,25℃)。在各方面的大力支持下,中国电子科技集团公司第十八研究所率先开展了柔性 CIGS 薄膜太阳电池的关键技术和整套工艺的研发工作,并建立起国内唯一一条卷对卷柔性 CIGS 薄膜太阳电池研制线。制备的 1.8cm² 电池单体效率 14%(AM1.5,25℃);105cm² 电池模块效率 12.05%(AM1.5,25℃);1.07m² 电池组件效率 5.32%(AM1.5,25℃);照片如图 3-41~图 3-43 所示。组件紫外老化试验后,效率衰降 2.88%;高低温交变试验后,效率衰降 2.1%;空间辐照试验后,效率衰降 7%。

图 3-41　电池单体照

图 3-42　电池模块照片

图 3-43　电池组件照片

国内外主要差距在于大面积工程化的柔性 CIGS 太阳电池组件性能,具体包括以下两个方面。

(1)大面积单体电池性能仍需优化。已基本掌握了 CIGS 薄膜及其他功能层薄膜的卷对卷沉积技术,制备出了大面积单体电池,但是在电池性能方面与国外先进水平仍有一定差距,主要在于大面积 CIGS 薄膜的电学一致性较差,边缘效应和内部漏电现象严重,造成大面积薄膜电池性能下降。

(2)CIGS 太阳电池内级联存在瓶颈。CIGS 柔性太阳电池结构相对复杂同时涉及多组分材料体系,激光划线实现 CIGS 薄膜电池组件的单片集成具有一定的难度。国外仅有个别公司掌握该技术,而国内研究很少,仍处于刚起步阶段。

2. 关键技术分解

高效轻质 CIGS 薄膜太阳能电池的关键技术分解结构,共分为 4 个层级,其中第一层次为轻质薄膜太阳电池组件,第二层次包括柔性 CIGS 太阳电池模块和连接部件两项,第三层次包括柔性 CIGS 单体电池、级联划线技术和柔性封装技术 3 项,第四层次包括 Mo 背电极、CIGS 吸收层、缓冲层和窗口层 4 项。详细的技术分解结构图如图 3-44 所示。

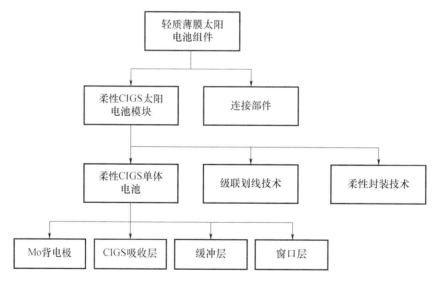

图 3-44 高效 CIGS 轻质薄膜太阳电池技术分解结构图

1)柔性 CIGS 单体电池

柔性 CIGS 单体电池是模块的核心,是完成光电转换功能的主体。单体电池制备,首先在柔性 PI 衬底上,采用溅射 Cr 过渡层和 Mo 金属层作为高附着性的背电极层,然后共蒸发 CIGS 层作为吸收层,再在 CIGS 层上化学水浴法制备 CdS 层作为缓冲层,最后采用溅射法制备 ZnO/AZO 层作为窗口层,完成单体电池的制备,整个工艺流程都采取卷对卷工艺设备,如图 3 – 45 所示。

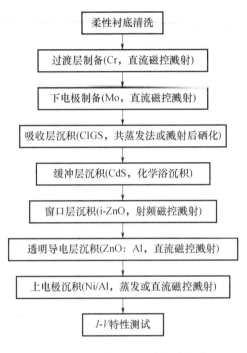

图 3 – 45　单体电池制备技术方案

　　在整个制备过程中,Mo 背电极制备技术、CIGS 吸收层制备技术、缓冲层制备技术和窗口层制备技术是关键技术。

　　背接触层是 CIGS 薄膜太阳电池的最底层,它直接生长于衬底上。因为太阳电池的吸收层材料直接沉积在背接触层上,所以背接触层必须与吸收层有良好的欧姆接触,尽量减少两者之间的界面态。同时背接触层作为整个电池的底电极,承担着输出电池功率的重任,因此必须有优良的导电性能。另外,从器件的稳定性考虑还要求背接触层既要与衬底之间有良好的附着性,又要求它与其上的 CIGS 吸收层材料不发生化学反应。经过大量的研究和实用证明,金属 Mo 是 CIGS 薄膜太阳电池背接触层的最佳选择。

　　CIGS 电池的核心层材料是 CIGS 四元化合物半导体。良好的 CIGS 薄膜材料需要通过半导体能带工程精确控制材料组成,得到最佳带隙的材料。在保证组件最大输出的同时,尽量提高器件的开路电压减小电流密度,这样可减少组件集成时的划线次数降低面积损失。

Ⅱ-Ⅵ族化合物半导体 CdS 薄膜是相对最优的缓冲层材料。它是一种直接带隙的 N 型半导体,其带隙宽度为 2.4eV。它在低带隙的 CIGS 吸收层和高带隙的 ZnO 层之间形成过渡,减小了两者之间的带隙台阶和晶格失配,调整导带边失调值,对于改善 PN 结质量和电池性能具有重要作用。由于沉积方法和工艺条件的不同,所制备的 CdS 薄膜具有立方晶系的闪锌矿结构和六角晶系的纤锌矿结构。调整这两种结构的 CdS 成分配比,对于制备高效 CIGS 薄膜太阳电池尤为重要。

在 CIGS 薄膜太阳电池中,通常将生长于 N 型 CdS 层上的 ZnO 称为窗口层。它包括本征氧化锌(i-ZnO)和铝掺杂氧化锌(Al-ZnO)两层。ZnO 在 CIGS 薄膜电池中起重要作用,它既是太阳电池 N 型区,与 P 型 CIGS 组成异质结成为光伏响应的核心,又是电池的上表层,与电池的上电极一起成为电池功率输出的主要通道。作为异质结的 N 型区,ZnO 应当有较大的少子寿命和合适的费米能级的位置,而作为表面层则要求 ZnO 具有较高的电导率和光透过率,因此 ZnO 分为高、低阻两层。由于输出的光电流是垂直于作为异质结一侧的高阻 ZnO,并横向通过低阻 ZnO 而流向收集电极,为了减小太阳电池的串联电阻,高阻层要薄而低阻层要厚。通常高阻层厚度取 50nm,而低阻层厚度选用 300~500nm。

2)级联激光划线技术

在组件级联方面,采用全激光划线工艺,具体技术方案如图 3-46 所示。

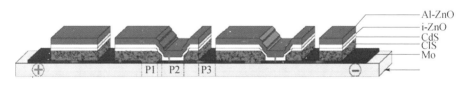

图 3-46　组件级联技术方案

CIGS 薄膜太阳电池组件传统内级联方式是将划线工艺穿插到薄膜制备工序当中,但是对于柔性薄膜,划线处的薄膜张力和热膨胀系数等性能与未划线的薄膜存在较大差异,在制备过程中,会造成薄膜褶皱、断裂,导致电池组件性能和成品率整体下降。因此,柔性 CIGS 薄膜太阳电池组件需在电池制备全部完成后,再进行一步三道划线,实现各个子电池的分离,然后在 P1 沟道填充绝缘胶,P2 沟道填充银浆,完成子电池间的串联,如图 3-46 所示。

采用这种划线方式,P1 沟道需贯穿整个电池直达聚酰亚胺衬底,也就是需完成 TCO/CdS/CIGS/Mo 所有层的切割;P2 沟道下至 Mo 层表面,完成 TCO/

CdS/CIGS 层的切割;P3 沟道用来分割顶电极,但是由于 TCO 层为透明层,采用激光划线方式,大部分能量很难单独作用在该层,会造成 P3 划线工艺的不稳定性,因此,采用与 P2 划线相同方式也划至 Mo 层。在划线工艺完成后,需在 P1 沟道填充绝缘胶,来防止 P2 沟道填充的用来连接两个子电池电极的银浆流入接触 Mo 背电极,造成两电池的短路。P2 沟道填充的银浆,一方面连接前一个子电池的顶点极和后一个子电池的背电极,另一方面在前一个子电池表面制成栅线结构,增加子电池面电流的收集。

选择合适的激光器波长、功率来完成激光划线过程,同时保证胶水准确滴入沟道是内级联的重要要求。

3) 柔性封装技术

在封装方面,电池上下采用特种 EVA 胶膜黏连 ETFE 薄膜与 GIGS 薄膜太阳电池,实现混合封装的结构,如图 3 – 47 所示。

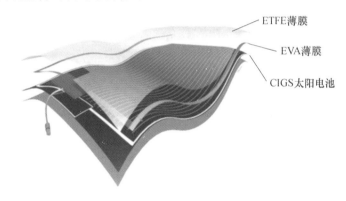

ETFE薄膜

EVA薄膜

CIGS太阳电池

图 3 – 47　CIGS 薄膜太阳电池组件封装技术方案

柔性 CIGS 薄膜太阳电池的应用背景决定了其必须适应某些苛刻的工作环境及变化,这就需要 CIGS 薄膜太阳电池通过比地面光伏电池更为苛刻的环境耐候性测试。而对于柔性 CIGS 薄膜电池而言,环境耐候性主要考察的就是电池的封装。如何选用工艺及材料性能均适合聚酰亚胺衬底的 CIGS 太阳电池的封装材料是工程化中的重要问题。在保证组件整体质量比功率、面密度要求的基础上,综合考虑电池的阻水、高低温交变、抗紫外线辐射、抗辐照等性能,选择合适的封装材料及结构是该技术的研究重点。

3. 关键技术研究情况

1) Mo 背电极制备技术

Mo 薄膜采用磁控溅射的方法制备。在溅射的过程中,Mo 膜的电学特性和应力与溅射气压直接相关,Ar 气压强低,Mo 膜呈压应力,附着力不好,但电阻率小;Ar 气压强高,Mo 膜呈拉应力,附着力好,但电阻率高。所以,先在较高 Ar 气压下沉积一层具有较强附着力的 Mo 膜,然后在低气压下沉积一层电阻率小的 Mo 膜,这样在增强附着力的同时降低背接触层的电阻,可以制备出适合 CIGS 薄膜电池应用的 Mo 薄膜。

通过工艺优化,采用卷对卷制备的背电极 Mo 薄膜在衬底幅宽方向上材料性能均匀。图 3-48 显示了 Mo 薄膜的微观表面形貌呈蠕虫状,均匀致密。X 射线衍射分析(XRD)显示 Mo 薄膜结晶取向为(110)晶面择优生长,这利于在其上沉积 CIGS 薄膜,满足作为背电极层的结构要求。

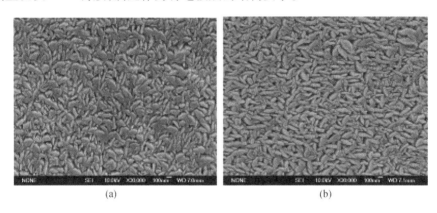

(a)　　　　　　　　　　　　(b)

图 3-48　幅宽方向 Mo 薄膜 SEM 图

通过调整卷对卷设备的张力控制,在一定的走卷速度下,可实现衬底有效幅宽 270mm 的范围内,底电极 Mo 薄膜的厚度均匀性达到 ±1.56%,满足大面积生产对薄膜厚度均匀性的需求。采用卷对卷磁控溅射设备实现了 30cm 幅宽的 PI 衬底上的 Mo 薄膜的连续制备,得到的薄膜可实现厚度为 800nm,方块电阻小于 $0.15\Omega/sq$,并与衬底结合良好。

2)CIGS 吸收层制备技术

CIGS 是Ⅰ-Ⅲ-Ⅵ族化合物半导体材料,结构与Ⅱ-Ⅵ族化合物半导体材料相近。热力学分析表明,$CuInSe_2$ 固态相变温度分别为 665℃ 和 810℃,而熔点为 987℃。低于 665℃ 时,CIS 以黄铜矿结构晶体存在。当温度高于 810℃ 时,呈现闪锌矿结构,Cu 和 In 原子在它们的子晶格位置上任意排列。温度介于 665℃ 和 810℃ 之间时为过渡结构。CIS 两种典型结构如图 3-49 所示。当 Ga 部分替代 $CuInSe_2$ 中的 In 便形成 $Cu(In_x,Ga_{1-x})Se_2$。

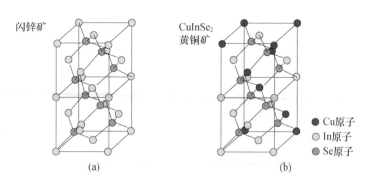

图 3 – 49　CIS 晶格结构示意图

　　CIS 和 CIGS 分别是三元和四元化合物材料。它们的物理和化学性质与其结晶状态和组分密切相关。相图正是这些多元体系的状态随温度、压力及其组分的改变而变化的直观描述。根据 $Cu_2Se – In_2Se_3$ 相图(图 3 – 50),可以发现,当温度低于780℃时,光伏应用的单相 $\alpha – CuInSe_2$ 相存在的范围分布于 Cu 原子百分含量24% ~24.5%的窄小区域内。而四元化合物 CIGS 热力学反应较为复杂,根据图 3 – 51 所示的 $Cu_2Se – In_2Se_3 – Ga_2Se_3$ 体系相图(550 ~810℃),可以发现具有较高光电转换性能的 CIGS 结构中 Ga 原子百分含量为10% ~30%。

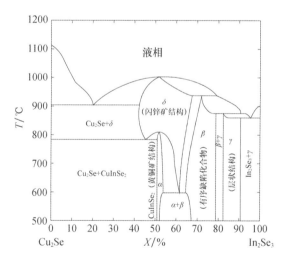

图 3 – 50　$Cu_2Se – In_2Se_3$ 相图[26]

　　同时,CIGS 薄膜的导电类型与晶体结构中的缺陷种类直接相关,缺陷即是因物质各元素组成偏离化学计量比产生。CIGS 偏离化学计量比的程度可以表示为

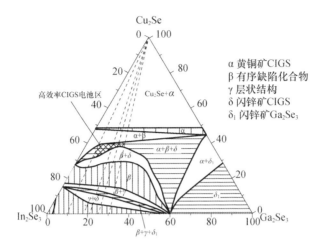

图 3-51　$Cu_2Se - In_2Se_3 - Ga_2Se_3$ 相图[27]

$$\Delta x = \frac{[Cu]}{[In + Ga]} - 1 \tag{3-1}$$

$$\Delta y = \frac{2[Se]}{[Cu] + 3[In + Ga]} - 1 \tag{3-2}$$

式中:Δx 为化合物中金属原子比的偏差;Δy 为化合物中化合价的偏差。[Cu]、[In] 和[Se]分别为相应组分的原子百分比。根据 Δx 和 Δy 的值可以初步分析 CIGS 中存在的缺陷类型和导电类型。

当材料中 Se 含量低于化学计量比时,$\Delta y < 0$,晶体中缺 Se 生成 Se 空位。在黄铜矿晶体结构中,Se 原子的缺失使得离它最近的一个 Cu 原子和一个 In 原子的一个外层电子失去了共价电子,从而变得不稳定。这时 Se 空位相当于施主杂质,向导带提供自由电子。当 Ga 部分取代 In,由于 Ga 的电子亲和势大,Cu 和 Ga 的外层电子相互结合形成电子对,这时 Se 空位不向导带提供自由电子,所以 CIGS 的 N 型导电性随 Ga 含量的增加而下降。当 CIS 中缺 Cu,即 $\Delta x < 0$,$\Delta y = 0$ 时,晶体内形成 Cu 空位,或者 In 原子替代 Cu 原子的位置。Δx 和 Δy 取不同值时,CIS 中点缺陷的种类和数量有所不同,各种点缺陷如表 3-8 所列,表中还列出了各种点缺陷的生成能、能级在禁带中的位置和电性能。

在一定条件下,能起作用的受主型点缺陷的总和若大于同一条件下能起作用的施主型点缺陷的总和,则 CIS 材料为 P 型,否则为 N 型。因此,通过调节 CIGS 材料的元素配比便可改变其点缺陷,从而调控其导电类型。

表 3 - 8 CIS 中点缺陷的种类及形成能级[28]

电缺陷类型	生成能/eV	在禁带中的位置/eV	电性质
V_{Cu}^0	0.6		
V_{Cu}^-	0.63	Ev + 0.03	受主
V_{In}^0	3.04		
V_{In}^-	3.21	Ev + 0.17	受主
V_{In}^{2-}	3.62	Ev + 0.41	受主
V_{In}^{3-}	4.29	Ev + 0.67	受主
Cu_{In}^0	1.54		
Cu_{In}^-	1.83	Ev + 0.29	受主
Cu_{In}^{2-}	2.41	Ev + 0.58	受主
In_{Cu}^{2-}	1.85		
In_{Cu}^-	2.55	Ec - 0.34	施主
In_{Cu}^0	3.34	Ec - 0.25	施主
Cu_i^+	2.04		
Cu_i^+	2.88	Ec - 0.2	施主
V_{Se}	2.4	Ec - 0.08	施主

综合上述 CIGS 材料的热力学性能、相图及缺陷结构分析,可知高性能 CIGS 薄膜太阳电池所需的 CIGS 薄膜材料要满足以下几点:Cu 原子百分含量略低于 25%;Cu/(In + Ga)的值接近 1;Ga/(In + Ga)的值接近 0.3;α - CIS 是高性能 CIGS 薄膜所需;可通过掺杂调控 CIGS 薄膜的缺陷类型。而这些也是 CIGS 吸收层制备的目标。

根据电池结构设计,应在 Mo 背电极层上制备 CIGS 薄膜吸收层,但由于 Mo/PI 衬底与 CIGS 薄膜热膨胀系数差别较大,因此为保证 CIGS 薄膜吸收层与 Mo/PI 衬底稳定结合,在 CIGS 薄膜吸收层制备之前,需采用共蒸发 In、Ga 和 Se 元素的方法沉积应力缓冲层 IGS 薄膜。图 3 - 52 是不同衬底温度制备的 IGS 薄膜表面和剖面形貌。当 $T_{sub} = 350℃$ 时,沉积的薄膜表面晶粒尺寸只有 100 ~ 200nm;从剖面方向看,晶粒碎小、致密,表面较为平坦。随着沉积温度的升高,晶粒尺寸不断增大,当 $T_{sub} = 420℃$ 时,晶粒尺寸增大到 300 ~ 500nm,柱状或块状的大晶粒密集排列。表面变得略微粗糙,表面裂痕增多,如图 3 - 52(c)所示。这是由于较高的衬底温度促进了 $(In_{0.7}, Ga_{0.3})_2Se_3$ 相的形成,大量的 Ga 原子占据 In 原子的晶格位置,薄膜中位错缺陷的浓度升高,使得在晶粒长大的过程中薄膜内部积累了较大的应力。因此,420℃沉积 IGS 应力缓冲层虽然有利于简化吸收层工艺流程,提高生产效率,但高温造成薄膜应力增大,底电极层裂痕增多可能对电池性能产生不利影响。

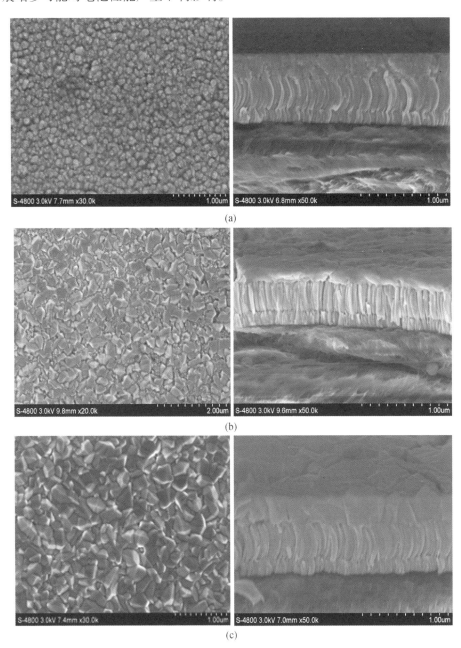

图 3 − 52　不同沉积温度制备的 IGS 薄膜的表面和剖面形貌

（a）$T_{sub} = 350℃$；（b）$T_{sub} = 380℃$；（c）$T_{sub} = 420℃$。

　　CIGS 薄膜吸收层采用共蒸发方法沉积,各蒸发源通过温度控制 Cu、In、Ga、Se 的相对沉积速度,从而调节 CIGS 的元素配比及物质结构。例如,按照 In、Ga 扩散机制的理论,在富 Cu 阶段,薄膜中以 $Cu_{2-x}Se$ 等富铜化合相为主,因而存在较多的 In、Ga 和 Se 空位,随后沉积 Ga 原子借助这些空位进行扩散,空位浓度依 Max[Cu/(In + Ga)] 的值变化,进而影响 Ga 元素的扩散速率。所以可在 CIGS 薄膜沉积过程中,通过控制 Cu 的蒸发速率,改变 CIGS 薄膜生长过程最大 Cu 含量 Max[Cu/(In + Ga)],调节吸收层表面附近的 Ga 梯度。

　　图 3-53 给出了不同 Max[Cu/(In + Ga)] 对应 CIGS 薄膜的表面和剖面形貌。当 Max[Cu/(In + Ga)] 小于 1 时,CIGS 薄膜生长过程始终处于贫 Cu 状态,得到的晶粒尺寸较小,结晶质量稍差,但晶粒比较紧密。Max[Cu/(In + Ga)] 在 1.2 ~ 1.8 范围内对应的 CIGS 薄膜,其生长过程经历了富 Cu 阶段,得到的贯穿吸收层的柱状晶粒,且晶粒之间较为紧密。当 Max[Cu/(In + Ga)] 大于 1.8 后,薄膜内部出现裂痕和孔洞,并且这些裂痕的深度随 Max[Cu/(In + Ga)] 增大而加深。这些裂痕和孔洞的形成与薄膜生长过程中存在过量的 $Cu_{2-x}Se$ 有关,它们可能增加电池的漏电途径,对电池性能产生不利影响。图 3-54 是不同 Max[Cu/(In + Ga)] 对应的 CIGS 薄膜 SIMS 图谱,证实了 Max[Cu/(In + Ga)] 改变对吸收层表面附近 Ga 梯度的影响。对于低温蒸发沉积 CIGS 薄膜,适当提高薄膜生长过程中的 Max[Cu/(In + Ga)],可以改变薄膜中 Ga 含量最小值的位置以及吸收层表面附近的 Ga 梯度。

　　图 3-55 给出了 CIGS 薄膜生长过程中 max[Cu/(In + Ga)] 对应的电池性能参数的影响。随着 max[Cu/(In + Ga)] 的增大,电池 V_{oc} 和转换效率不断升高;然而当 max[Cu/(In + Ga)] 超过 1.8 后,CIGS 薄膜电池的 V_{oc} 明显下降,FF 也略有降低,但短路电流 J_{sc} 基本不变,相应电池效率降低。这表明,max[Cu/(In + Ga)] 从 0.95 增加到 1.8,即薄膜生长过程中经历富 Cu 过程,促进了 Ga 元素的扩散,吸收层附近 Ga 梯度增大,使得 V_{oc} 升高;但是当 max[Cu/(In + Ga)] 过大时,薄膜生长过程积累的过量 $Cu_{2-x}Se$ 相造成薄膜漏电途径增多,复合速率增加,进而造成电池 V_{oc}、FF 和效率的降低。

　　除了可通过蒸发源温度控制各元素沉积速率,蒸发方式也会对沉积物结构产生影响。图 3-56 对比了离子束辅助硒蒸发源与普通硒源制备的 CIGS 薄膜的表面形貌,射频等离子体裂解硒源沉积的 CIGS 薄膜具有更加致密、光滑的表面和更大的晶粒尺寸。在射频裂解 Se 源上,同时增加了高温裂解 Se 源的设计,有效地增加了 Se 的流量与活性。图 3-57 为不同裂解温度测试的 CIGS 表面和断面 SEM 图,从图中可以看出,采用高温裂解 Se 的技术,可以有效地改善低温沉积 CIGS 的结晶质量,随着裂解 Se 源的温度增加,CIGS 薄膜的颗粒尺寸增大,当 T_c 为 600℃时,CIGS 薄膜的结晶质量最好,颗粒尺寸最大。从表面看,CIGS 薄膜的致密性好,晶粒间无明显空洞存在。

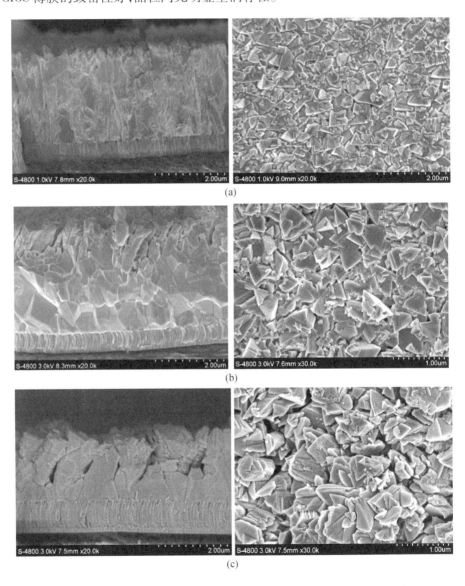

图 3 - 53 不同 max[Cu/(In + Ga)]对应的 CIGS 薄膜表面和剖面形貌
(a)样品 A;(b)样品 C;(C)样品 E。

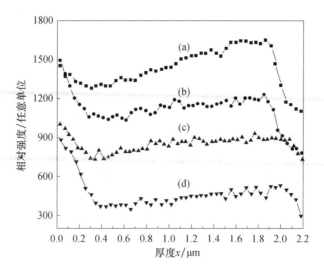

图 3-54 不同 max[Cu/(In+Ga)] 对应的 CIGS 薄膜 SIMS 图谱

(a) max[Cu/(In+Ga)] = 1.8；(b) max[Cu/(In+Ga)]$_x$ = 1.5；

(c) max[Cu/(In+Ga)] = 1.2；(d) max[Cu/(In+Ga)] = 0.95。

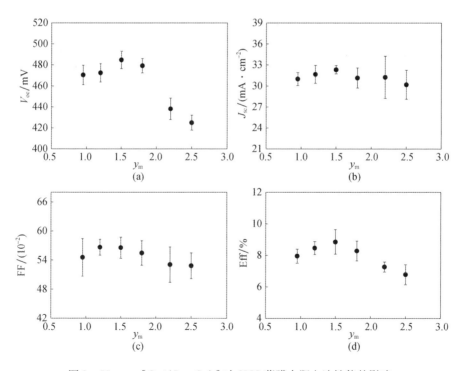

图 3-55 max[Cu/(In+Ga)] 对 CIGS 薄膜太阳电池性能的影响

(a)   (b)

图 3 - 56　分别使用普通硒源和离子束辅助硒源沉积的 CIGS 薄膜的表面形貌

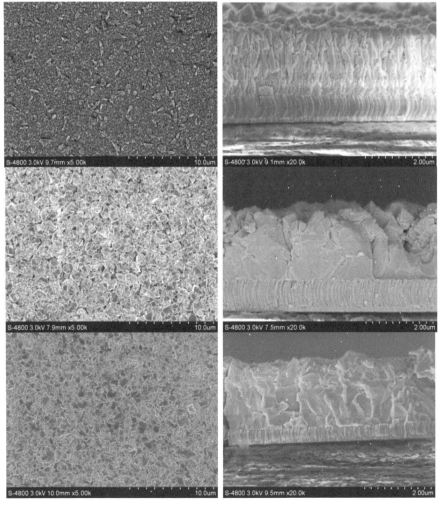

图 3 - 57　裂解 Se 源温度 350℃、600℃和 750℃时 CIGS 表面及断面 SEM 图

3）CdS 缓冲层制备技术

CdS 薄膜可用蒸发法和化学水浴法（CBD）制备。CBD 法应用相对更为广泛，有如下一些优点：①为减少串联电阻，缓冲层应尽量做薄，而为了更好地覆盖粗糙的 CIGS 薄膜表面，使之免受大气环境温度的影响，免受溅射 ZnO 时的辐射损伤，要求 CdS 层要致密无针孔。蒸发法制备的薄膜很难达到这一要求，CBD 法却可以制备出既薄又致密、无针孔的 CdS 薄膜；②CBD 法沉积过程中，氨水可溶解 CIGS 表面的自然氧化物，起到清洁表面的作用；③Cd 离子可与 CIGS 薄膜表面发生反应生成 CdSe 并向贫 Cu 的表面层扩散，形成 Cd_{Cu} 施主，促使 CdS/CIGS 表面反型，使 CIGS 表面缺陷得到部分修复；④CBD 工艺沉积温度低，只有 $60\sim80℃$，且工艺简单。

由于连续化制备需要使用大量的 $(CH_3COO)_2Cd$ 溶液，如果溶液浓度太高，将会产生大量的含镉废水，对环境造成极大的隐患。因此，降低 $(CH_3COO)_2Cd$ 的用量，而提高 $NH_3 \cdot H_2O$ 和 $SC(NH_2)_2$ 的用量，是连续化工艺改进的基本思路。

图 3-58 显示了不同 CBD 参数制得的 CdS 薄膜微观形貌，图 3-58（c）中显示的 CdS 薄膜形貌是最佳的，结晶效果好，晶粒大小一致，薄膜一致性、均匀性和致密性也相对更优。对其进行 XRD 分析，如图 3-59 所示，采用该 CBD 条件连续化制备的大面积 CdS 薄膜晶体主要是以（100）面择优取向的六方相结构，且六方相结构明显比四方相结构含量高。因此，确定连续化大面积制备 CdS 薄膜较佳的工艺条件：3×10^{-3} mol/L 的 $(CH_3COO)_2Cd$，1.5 mol/L 的 $NH_3 \cdot H_2O$，0.45 mol/L 的 $SC(NH_2)_2$，水浴温度为 $60℃$，沉积时间为 10 min。

4）窗口层制备技术

ZnO 的制备方法很多，其中磁控溅射方法具有沉积速率高、重复性和均匀性好等特点，成为当今科研和生产中使用最多、最成熟的方法。此法沉积的高阻 ZnO 电阻率 $100\sim400\Omega\cdot cm$，低阻 ZnO 电阻率可至 $5\times10^{-4}\Omega\cdot cm$，高、低阻 ZnO 在波长 $300\sim700$ nm 之间的透过率均大于 85%，能很好地满足 CIGS 薄膜太阳电池的需要。

通过工艺参数优化，采用射频磁控溅射法，可以得到 ZnO 薄膜厚度为 50 nm，晶粒均匀（图 3-60），可见光透过率大于 80% 的高阻 ZnO 薄膜。通过调整卷对卷设备的张力控制，在一定的走卷速度下，可实现衬底有效幅宽 270 mm 的范围内，ZnO 薄膜的厚度均匀性达到 ±2.12%，满足大面积生产对薄膜厚度均匀性的需求。

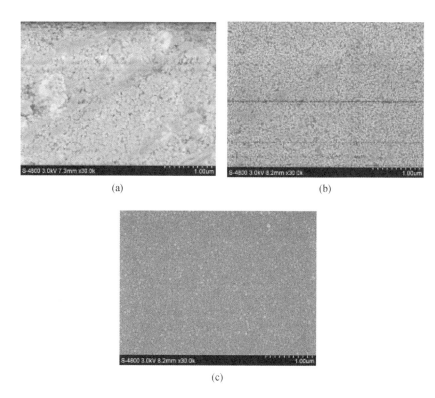

(a)

(b)

(c)

图 3 - 58　不同 CBD 条件下沉积的 CdS 薄膜微观形貌

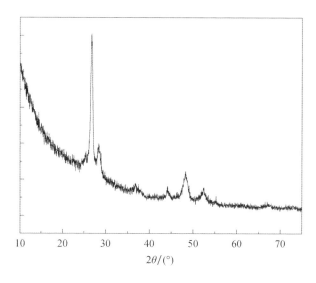

$2\theta/(°)$

图 3 - 59　CdS 薄膜的 X 射线衍射图

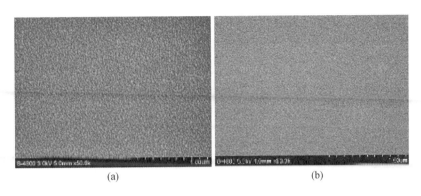

(a)　　　　　　　　　　　　　　(b)

图 3 - 60　不同功率下制备的 ZnO 薄膜表面形貌

(a)0.5kW;(b)0.7kW。

选择 Al 掺杂 ZnO 薄膜(ZAO)作为低阻层,工作压强、溅射功率、溅射时间等试验参数均会对制备的 ZAO 薄膜厚度、方块电阻和透过率产生影响。图 3 - 61 和图 3 - 62 分别比较了不同溅射功率和不同工作压强制备的 ZAO 薄膜表面形貌,溅射工艺不同,制备的晶粒形貌及晶粒大小明显不同。

(a)　　　　　　　　　(b)　　　　　　　　　(c)

图 3 - 61　不同功率下 ZAO 薄膜样品表面形貌

(a)0.8kW;(b)1.0kW;(c)1.3kW。

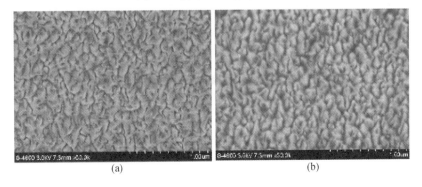

(a)　　　　　　　　　　　　　　(b)

图 3 - 62　不同功率下 ZAO 薄膜样品表面形貌

(a)0.5Pa;(b)0.6Pa。

通过调整卷对卷设备的张力控制,在一定的走卷速度下,可实现衬底有效幅宽270mm 范围内,Al 掺杂 ZnO 薄膜的厚度均匀性达到±2.7% ,可见光波段平均透过率大于90% ,满足大面积生产对薄膜厚度均匀性的需求。在电学性能方面,平均厚度700nm 时,Al 掺杂 ZnO 薄膜的方块电阻平均值7.420Ω/sq,电阻均匀性达到±2.97% 。

5)内级联技术

柔性 CIGS 薄膜太阳电池组件需在电池制备全部完成后,进行一步三道划线,实现各个子电池的分离,然后再在相应的划线沟道中填充绝缘胶或银浆,完成子电池间的串联。由于柔性 CIGS 薄膜太阳电池内部结构复杂,涉及多层、多种材料体系,划线使用的激光器波长、功率等对最终划线效果有显著影响。对波长 355nm 皮秒激光器、532nm 皮秒激光器、1064nm 皮秒激光器的划线效果进行了比较,试验结果显示,355nm、532nm 和1064nm 激光器都能实现 P1 和 P2 划线工艺,随着激光器波长的增加,激光器所需求的功率下降,划线速度更快。通过试验发现,532nm 和1064nm 激光器更适用于柔性 CIGS 薄膜太阳电池的划线工艺,其中:1064nm 激光器更适用于完成 P1 划线;532nm 激光器更适用于 P2 和 P3 划线。

P1 划线采用1064nm 皮秒激光器进行划线,当激光器输出功率7W、划线速度 4.6m/s 时,效果最好,工艺最为稳定,划线宽度为 50μm,热效应区面积为左右各50μm,如图 3 −63 所示。

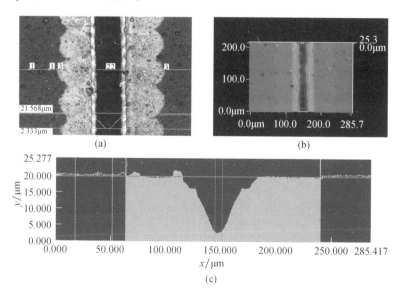

(a)

(b)

(c)

Profile1	Horz. dist	Hght. diff	Hght. ave	Angle	C.S length	C.S area	R	Comment
All	285.417μm	0.266μm	17.998μm	0.053°	347.280μm	5141.817μ.		
Seg.1	33.601μm	0.030μm	20.180μm	0.051°	41.491μm	681.252μ.		
Seg.2	6.566μm	0.020μm	2.639μm	1.177°	7.311μm	18.410μm2		
Seg.3	175.730μm	0.150μm	16.600μm	0.049°	211.873μm	2922.445μ.		
Seg.4								
Seg.5								
Seg.6								
Seg.7								
Seg.8								
Seg.9								
Seg.10								
Total	215.897μm	0.200μm	39.419μm	0.277°	260.675μm	3622.107μ.		
Max.	175.730μm	0.150μm	20.180μm	0.177°	211.873μm	2922.445μ.		
Min.	6.566μm	0.020μm	2.639μm	0.049°	7.311μm	18.410μm2		
Ave.	71.966μm	0.067μm	13.140μm	0.092°	86.892μm	1207.369μ.		
Std.DV	74.198μm	0.059μm	7.567μm	0.060°	89.470μm	1242.566μ.		
3sigma	222.594μm	0.177μm	22.702μm	0.180°	268.410μm	3727.697μ.		

(d)

图 3 – 63　P1 划线优化结果

P2 划线采用 532nm 皮秒激光器,激光器功率小于 5W,划线速度为 3m/s,采用双次划线工艺,保证 P2 工艺的稳定性。最终 P2 划线沟道为 50μm,热效应区左右各 10μm,如图 3 – 64 所示。

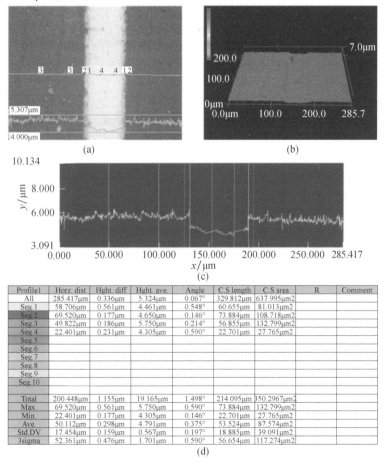

(a)　　　　(b)

(c)

Profile1	Horz. dist	Hght. diff	Hght. ave	Angle	C.S length	C.S area	R	Comment
All	285.417μm	0.336μm	5.324μm	0.067°	329.812μm	637.995μm2		
Seg.1	58.706μm	0.561μm	4.461μm	0.548°	60.655μm	81.013μm2		
Seg.2	69.520μm	0.177μm	4.650μm	0.146°	73.884μm	108.718μm2		
Seg.3	49.822μm	0.186μm	5.750μm	0.214°	56.855μm	132.799μm2		
Seg.4	22.401μm	0.231μm	4.305μm	0.590°	22.701μm	27.765μm2		
Seg.5								
Seg.6								
Seg.7								
Seg.8								
Seg.9								
Seg.10								
Total	200.448μm	1.155μm	19.165μm	1.498°	214.095μm	350.2967μm2		
Max.	69.520μm	0.561μm	5.750μm	0.590°	73.884μm	132.799μm2		
Min.	22.401μm	0.177μm	4.305μm	0.146°	22.701μm	27.765μm2		
Ave.	50.112μm	0.298μm	4.791μm	0.375°	53.524μm	87.574μm2		
Std DV	17.454μm	0.159μm	0.567μm	0.197°	18.885μm	39.091μm2		
3sigma	52.361μm	0.476μm	1.701μm	0.590°	56.654μm	117.274μm2		

(d)

图 3 – 64　P2 划线优化结果

P3 划线同样采用 532nm 皮秒激光器,最佳激光器参数为输出功率 3W,划线速度 5m/s。实际操作中 P3 划线深度为 1μm 左右,保证 P3 工艺的稳定性,优化后结果如图 3 – 65 所示。

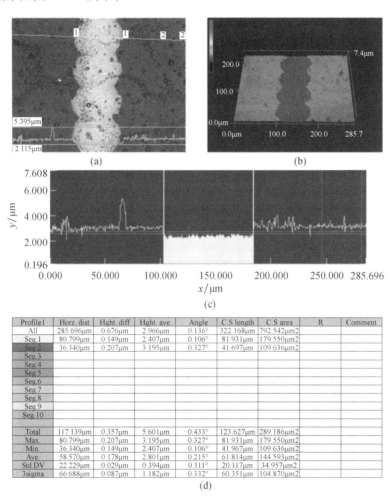

Profile1	Horz. dist	Hght. diff	Hght. ave	Angle	C S length	C S area	R	Comment
All	285.696μm	0.676μm	2.966μm	0.136°	322.168μm	792.542μm2		
Seg.1	80.799μm	0.149μm	2.407μm	0.106°	81.931μm	179.550μm2		
Seg.2	36.340μm	0.207μm	3.195μm	0.327°	41.697μm	109.636μm2		
Seg.3								
Seg.4								
Seg.5								
Seg.6								
Seg.7								
Seg.8								
Seg.9								
Seg.10								
Total	117.139μm	0.357μm	5.601μm	0.433°	123.627μm	289.186μm2		
Max.	80.799μm	0.207μm	3.195μm	0.327°	81.931μm	179.550μm2		
Min.	36.340μm	0.149μm	2.407μm	0.106°	41.967μm	109.636μm2		
Ave	58.570μm	0.178μm	2.801μm	0.215°	61.814μm	144.593μm2		
Std.DV	22.229μm	0.029μm	0.394μm	0.111°	20.117μm	34.957μm2		
3sigma	66.688μm	0.087μm	1.182μm	0.332°	60.351μm	104.870μm2		

(d)

图 3 – 65 P3 划线优化结果

3.2.3 砷化镓薄膜太阳电池技术

以 GaAs 为代表的Ⅲ – Ⅴ族化合物材料多数具备直接带隙性质,光吸收系数大,特别适合制备太阳电池(图 3 – 66)。从 20 世纪 50 年代发展至今,GaAs 太阳电池已经从最初的单 PN 结结构发展到三 PN 结叠层结构,现在三结 GaAs 太阳电池已在卫星等航天器中大量应用,四结及以上结构也正在研究中,目前实验室中小面积四结 GaAs 太阳电池光电转换效率已超过 38%。

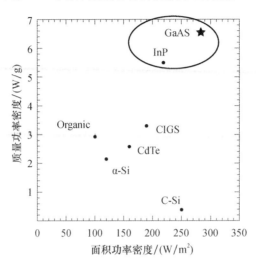

图 3－66　各种太阳电池性能对比

但是,由于传统 GaAs 太阳电池以锗片为衬底,电池质量大,尽管效率很高,但质量功率密度较薄膜太阳电池要低许多。若要大幅度提高 GaAs 太阳电池质量功率密度,则需在保证较高转换效率的同时屏除常规半导体晶体衬底,换为超薄柔性材料衬底。采用柔性衬底的薄膜 GaAs 太阳电池裸电池质量功率密度可达 3000W/kg 以上,同时也可以使其具有更好的柔性以及曲面形状适应性,拓展其在形变量大的平流层飞艇囊体以及太阳能无人机气动表面的应用。图 3－67 为聚酰亚胺衬底上双结 GaAs 太阳电池的示意图。

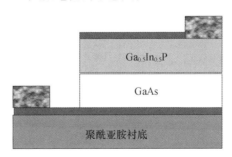

图 3－67　聚酰亚胺衬底上双结 GaAs 太阳电池

GaAs 薄膜电池的实现途径有多种方式,最主要的有两类:①直接生长法,主要包括金属薄膜直接生长法和衬底减薄法;②采用外延剥离技术,包括正装生长技术方法和倒装生长技术方法(图 3－68)。

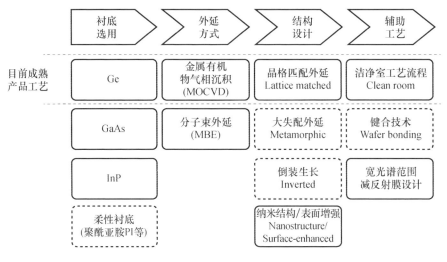

图 3 - 68　薄膜 GaAs 制备过程及可选方式

图 3 - 69 中显示的是 Jeramy 小组采用低温贴合的方式,将 GaAs 电池外延层转移至 Kapton 薄膜上,利用 HF 溶液腐蚀掉 AlAs 牺牲层,实现衬底剥离。最终制备得到以 Kapton 薄膜为支撑衬底的 GaAs 单结电池,转换效率为 16.2%。在常规情况下,AlAs 牺牲层的腐蚀速度十分缓慢,但是在溅射沉积一层金属铱后能够引入拉应力,从而促进牺牲层的腐蚀,可将电池外延层转移的时间从 10 天缩短至 8h 之内。

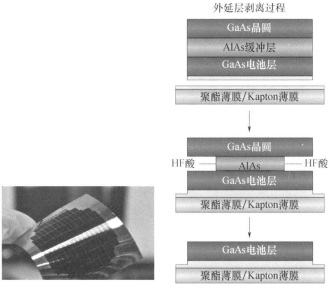

图 3 - 69　Jeramy 小组制备的薄膜柔性电池工艺路线及结果[29]

通过 4inch(13.33cm)金属键合技术将外延层转移到金属衬底,Tatavarti 等实现了薄膜单结 GaAs 电池的制备(图 3 − 70),其光电转换效率达到 21.11%[30]。研究者借助金属键合将外延层与金属衬底直接连接起来,避免了电池外延有源层二次层转移可能造成的破坏,提高了电池的成品率。

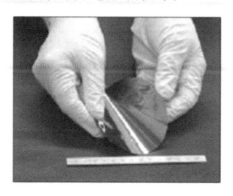

图 3 − 70   基于金属键合制备的单结 GaAs 电池及其效率

Alta Devices 公司在薄膜 GaAs 太阳电池上做了很多相关工作。AM1.5 光谱条件下,制备的薄膜 GaAs 单结电池效率达到了 28.8%,双结电池效率达到了 31.6%,高达 24.1% 的单结组件效率保持着目前的世界纪录,该种电池的面积功率密度达到了 240W/m²,产品的曲率半径能够达到 15cm。进一步地,对薄膜电池的可靠性进行了初次探索,分别测试了 168h@ 150℃ 、168h@ − 60℃ 、68h@ 85℃/ 85% RH 、200cycle2″卷曲等情况下的可靠性结果,试验获得的最大效率衰降分别为 6% 、2% 、6% 、10% 。图 3 − 71 所示为 Alta Devices 公司薄膜电池制备路线及电池样品图。

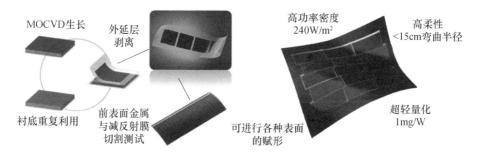

图 3 − 71   Alta Devices 公司薄膜 GaAs 电池制备路线及电池样品图

日本夏普公司也一直致力于薄膜柔性电池的开发及使用,他们基于倒装失配结构的 GaInP/GaAs/InGaAs 电池,将其转移至 Kapton 衬底后,也取得了很好的效果。夏普公司研制的不同设计结构的柔性太阳电池,其中柔性电池最高转换效率已经达到 31.5%（AM0）,37.9%（AM1.5）[31]。如图 3-72 所示,夏普公司制作柔性倒装三结电池分为薄膜型和玻璃型两种。随后该公司采用制作好的电池串进行了可靠性试验,分别为 -178~161℃、-120~120℃ 两种条件下的冷热循环试验,以及 161℃ 下的储存试验。从报道的结果上来看,其最大效率衰降均小于 2%。该公司提到,在冷热循环的过程中,因为薄膜材料热膨胀系数的不匹配,电池十分容易产生裂缝,但是这对电池效率并没有影响。该公司进行了辐照试验,在 $3\times10^{15}/cm^2$ 辐照条件下,薄膜柔性电池仍然能够维持 24% 的转换效率。

(a)   (b)

图 3-72　夏普公司制备的两种类型的薄膜三结太阳电池

(a)薄膜型;(b)玻璃型。

　　Microlink Devices 公司也一直致力于无人机、飞艇等的电源设备研究,他们采用外延剥离技术生产的 GaAs 薄膜柔性电池已经为空客公司"西风"无人机提供能源。空客公司和 Microlink Devices 公司签署了一份太阳能电池的生产合同,Microlink Devices 公司生产的太阳能电池将用于新型"西风"S 平台。"西风"S 的翼展长 25m,比其前身翼展长 22.5m 的"西风"7 无人机轻 30%,但携带的电池却还多 50%,因此"西风"S 可以携带更多的监视和通信设备。Microlink Devices 公司有最先进的外延剥离技术（ELO）技术,其使用三结、双结或单结电池外延层制备柔性薄膜电池,在 AM1.5 光照下薄膜三结电池的转换效率达到 31%,图 3-73 为该公司制备的 GaAs 基薄膜三结太阳电池。这些太阳电池非常薄,能够贴合弯曲的表面,如机翼的上表面。MicroLink Devices 公司目前的主要产品是尺寸为 6.6cm×3.1cm 的柔性电池片,面密度小于 250g/m²,在 AM1.5 光照下可实现大于 1000W/kg 的能量输出能力。

　　国外薄膜 GaAs 太阳电池代表性产品状态总结如表 3-9 所列。

图 3 - 73　Microlink Devices 公司制备的 GaAs 基薄膜三结太阳电池[32]

表 3 - 9　国外薄膜 GaAs 太阳电池代表性产品状态

国外研究机构	技术水平(实验室/量产水平)	是否量产	产品应用情况
光谱实验室(Spectorlab)	实验室 33 ~ 34%(四结,AM0)	否	已搭载试验
Emcore 公司	实验室 33.6%(四结,AM0)	否	无
Alta Devices 公司	实验室 30.8%(双结,AM1.5) 量产 25%(单结,AM1.5)	量产	无人机
Microlink Devices 公司	实验室 29%(三结,AM0) 量产 27.1%(三结,AM0)	量产	无人机
夏普	实验室 30.5%(三结,AM0)	否	已搭载试验

　　国内 GaAs 柔性薄膜太阳电池的起步相对较晚,但是,发展十分迅速。2015
年汉能集团收购了 Alta Devices 公司,将 Alta Devices 柔性薄膜电池的研发能力
与汉能薄膜发电的技术资源整合,AM1.5 下其单结电池片发电效率为 28.8%,
双结电池片发电效率达到 31.6%。另外,乾照光电也已研发出基于倒装三结电
池的柔性薄膜电池,AM0 光谱下其开路电压约为 2.88V,转换效率达到 30.2%。
据报道,国电光伏公司柔性薄膜砷化镓电池顺利通过德国 Fraunhofer ISE 检测
机构认证,其制备的柔性薄膜 GaAs 三结太阳电池转换效率达到 34.5%。上海
空间电源基于 Kaptan 薄膜制备的三结倒装薄膜 GaAs 太阳电池单体的转换效
率达到 31%(AM0)以上,电池采用同面特殊设计的电极结构,采用全柔性组件
封装形式,形成的组件效率达到 30.7%(AM0),最大面积为 0.51m^2,并致力于
空间环境条件下的适应性研究。中国电子科技集团公司第十八研究所基于铜

箔衬底制备的异面电极薄膜 GaAs 太阳电池,组件转换效率超过 30%,并实现了在临近空间环境下的大面积应用。此外,国内三安光电股份有限公司也有单结和多结 GaAs 柔性薄膜太阳电池产品。

3.3　薄晶硅太阳电池技术

　　晶体硅太阳电池(c - Si),主要包括单晶硅和多晶硅太阳电池两类。在传统硅材料体系太阳能电池中,单晶硅太阳电池转换效率最高,技术也最为成熟。在单晶硅太阳电池制造技术的基础上增加薄化工艺技术,则可获得厚度降至 $100\mu m$ 以下的薄化晶体硅太阳电池。与常规晶体硅太阳电池相比,薄化晶体硅太阳电池除了同样具有较高的转换效率外,还兼备轻、薄的优点,质量的大幅度降低,使电池可达到较高的质量比功率,并且薄化至一定程度后可使晶体硅太阳电池呈现柔性弯曲状态(图 3 - 74)。此外,晶体硅本征薄膜异质结电池(HJT)电池也得到长足的发展,以较低的温度系数和高的转换效率,目前也成为当前重要的电池产品方向,民用产品技术已经非常成熟,在薄化方面也有了长足发展。

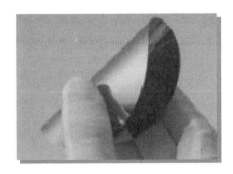

图 3 - 74　可弯曲折叠的 $45\mu m$ 薄化晶体硅片

　　薄化晶体硅太阳电池的使用最初始于空间应用领域。日本夏普公司 20 世纪 90 年代末研发出新一代高效薄化晶体硅太阳电池,已装备了 50 颗各国卫星,如 ADEOS - Ⅱ、MABUHAY、APSTAR、TELESTAR - 5 等卫星。德国 Azur Space 公司研制的高效薄化晶体硅太阳电池,厚度为 $100 \sim 120\mu m$,电池尺寸为 $64.5mm \times 36mm$,效率为 19% 左右(AM1.5,$100mW/cm^2$,25℃,下同),也应用于几十颗卫星。美国电源公司研究出厚度为 $100\mu m$ 转换效率达到 20% 的空间用高效硅太阳电池,是针对航天领域应用的效率最高的硅电池。而随着临近空间低速飞行器的发展及其对轻质高效太阳电池的迫切需求,薄化晶体硅太阳电池成为临近空间平流层飞艇和太阳能无人机的重要备选之一。同时,由于临近空间飞行器的功率需求高,太阳电池需要铺设的尺寸面积十分巨大,因此临近空间飞行器用薄化晶硅太阳电池还更侧重于追求大面积应用需求和低成本。

在减薄技术方面,最初主要采用腐蚀硅衬底减薄的方式,可将电池厚度减至 $100 \sim 120 \mu m$。图 3-75 为比利时 IMEC 研究所于 2008 年发表的 $120 \mu m$ 厚晶体硅减薄电池,电池采用正面带有绒面的光陷阱效应(图 3-75(b)右上角上的附图)和背面场(BSF)及介质钝化等技术路线,电池光电转换效率最佳与平均值分别达到 16.8% 和 16.6% ,相差仅 0.2% ,电池工艺的重复性较好。

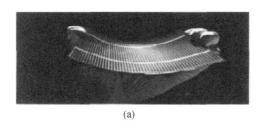

(a)

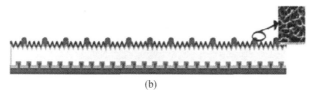

(b)

图 3-75　比利时 IMEC 大面积 $120 \mu m$ 晶体硅电池
(a)可卷曲的厚为 $120 \mu m$ 晶体硅太阳电池;
(b)薄层电池的陷光与钝化方法及结构示意图。

目前最具产业化前景的多孔硅生长技术是双层多孔硅转移薄膜生长技术,该技术能够制备出高质量单晶硅薄膜,并可以兼容先进的太阳电池器件结构,如背结背接触太阳电池。因此,该技术有望成为未来低成本、高效率晶体硅太阳电池的主要手段。

目前,对双层多孔硅转移薄膜生长技术的研究和开发应用方面取得重要进展的是美国 Solexel 公司,2012 年 10 月他们在新加坡亚太光伏会议上公布的厚度为 $43 \mu m$ 、面积为 $156mm \times 156mm$ 的薄化晶体硅电池,效率达到了 20.6% ,开路电压达 670mV,短路电流密度达 $37.15mA/cm^2$,硅衬底可以反复使用 100 次以上,从而大幅度降低电池的生产成本。其电池制备流程如图 3-76 所示,美国 Solexel 公司的电池为背结背接触型结构,实物如图 3-77 所示。

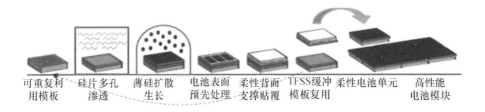

可重复利   硅片多孔   薄硅扩散   电池表面   柔性背面   TFSS缓冲   柔性电池单元   高性能
用模板   渗透   生长   预先处理   支撑贴覆   模板复用   电池模块

图 3 - 76   Solexel 公司薄化晶体硅电池制备流程[33]

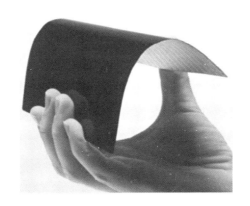

图 3 - 77   Solexel 公司薄化晶体硅电池实物

薄化过程会对晶体硅太阳电池的光电性能产生一定影响,为保证获得较高的光电转换效率,通常会在晶体硅太阳电池中增加一些结构化设计。

美国 SunPower 公司针对背面点接触太阳电池结构开发了全新的适于批量生产的简化工艺,其生产的高效硅电池批产效率达到 21%,最高效率达到 24.2%[34],在地面得到了广泛应用,并成功应用在 2008 年的 Solong 太阳能无人机上。此外,该公司还开发出了双面指叉背接触太阳电池(Bifacial Interdigitated Back - Contact,IBC),如图 3 - 78 所示该电池完全采用背电极接触方式,正、负极交叉排列在背面,前表面没有任何遮挡,PN 结位于背面。批产最高效率可以达到 24.1%,能满足一些特殊需求,2016 年"阳光动力"2 号无人机 Solar Impulse Ⅱ就是采用该公司生产的转换效率达到 22.7% 的同类型太阳电池进行发电。据 2017 年 2 月报道,N 型单晶硅 IBC 太阳电池的转换效率已达到 25%。日本夏普采用类似技术制备的 HIBC 电池的最高转换效率在 2016 年也达到了 25.1%。

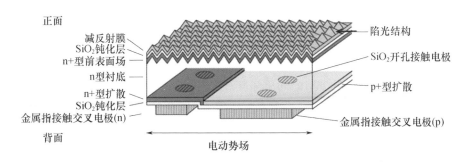

图 3 - 78　SunPower 公司高效 IBC 太阳电池结构

而日本三洋(Sanyo)公司另辟蹊径,开发出了全新高效异质结(HIT)太阳电池, 2011 年在 50μm 晶体硅衬底上取得了大于 22%(AM1.5)的效率。在 2016 年 12 月报道的批产效率已达到 22% 以上。HIT 电池的结构特点是结构对称,相对传统工艺晶硅电池制造步骤更少,工艺温度更低,由于中间加入了非晶硅层,其开路电压得到提升。此外值得注意的是,德国最近研制的大面积高效薄化晶体硅太阳电池采用新型钝化发射区背面局部扩散(PERL)结构,效率为 23% ~ 24%,电池面积为 250mm × 250mm,衬底厚度为 100μm,并准备将厚度进一步减薄到 50μm 以下,计划应用于其最新研究的硬质平流层飞艇。PERL 结构最初是由澳大利亚新南威尔士大学开发的,如图 3 - 79 所示。

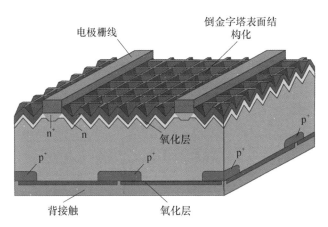

图 3 - 79　钝化发射区背面局部扩散(PERL)电池结构[35]

在国内薄化晶体硅太阳电池研究方面,主要研究单位为中国电子科技集团第十八研究所、上海空间电源研究所、北京太阳能研究所、南京航空航天大学、中国科学院微系统研究所等,其中在"十五"期间中国电子科技集团公司第十八研究所和上海空间电源研究所两家单位在此方面均取得了一定的突破,研制出效率达到15%~17%(AM0)的空间用薄型高效硅电池。南京航空航天大学在面积为148 cm²、厚度为80μm的单晶硅片上制备出效率为11%的电池样品,再通过印刷铝背场,制备出厚度为110μm的电池样品,效率达15%。

在"十二五"期间,上海空间电源研究所开展了基于背钝化技术的高效率薄型晶体硅太阳电池的研制,针对临近空间环境和光谱特征,制备出了转换效率为17%(AM0,25℃)(在AM1.5条件下19.5%效率),厚度为130~140μm的特殊结构太阳电池,其中用于制备电池的硅衬底厚度为120μm,并采用柔性薄膜封装,制备的组件面密度仅为480g/m²,针对研制的基于PMI轻质支撑、隔热泡沫的组件面密度为650g/m²,有效解决了高功率密度和轻量化的技术问题。

随着研究的不断深入,上海空间电源研究所在新研的新型PERC结构双面薄型晶体硅太阳电池(转换效率22.3%,厚度约100μm)的基础上,突破了多物理模态下的轻质太阳电池组件结构耦合设计、大面积晶体电池组件碎片防护与隔热支撑复合材料、薄型电池组件轻量化电路集成与成形等关键技术,解决了太阳电池组件在临近空间环境与艇体表面复杂多变的使用条件下的适应性问题,形成了飞艇表面柔性轻质太阳电池模块化产品(如图3-80所示,电池组件主要性能参数如表3-10所列),为构建大面积太阳电池发电阵列提供了高效率发电、轻量化载重和快速构建的产品技术方案。

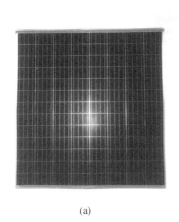

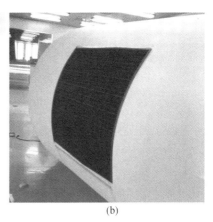

(a)   (b)

图3-80 上海空间电源研究所研制的薄型晶体硅太阳电池组件

表 3 - 10　上海空间电源研究所研制的薄型晶体硅
太阳电池组件主要性能参数

单个组件面积	$1.10m^2$
太阳电池组件输出电压	53.8V
组件面密度	$629.46g/m^2$
组件重量比功率	388.10W/kg
隔热性能	表面温度90.9℃时,背面47.1℃;表面温度95.7℃时,背面52.5℃
抗拉强度	电池组件本体施加30N/cm拉力,外观无损伤,效率相对变化率0.1%
弯曲适应性	0.5m半径弯曲外观无损伤,效率变化率0.4%
存储能力	(85 ± 3)%、温度(85 ± 2)℃,保持时间48h外观无明显变化,效率相对变化率 -0.2%
温度循环	(-70 ± 2)~(80 ± 2)℃之间循环,单个周期为12h,循环次数10次外观无明显变化,效率相对变化率0.7%
低气压保持	压力4.5kPa持续5h外观无明显变化,效率相对变化率0.2%
紫外辐照(光致衰退)	紫外辐照强度30 W/m^2,照射时间为120h紫外辐照后,外观无明显变化,效率相对变化率0.2%,再进行0.5m半径弯折10次后效率相对变化率 -0.4%
湿热老化	保持相对湿度(85 ± 3)%温度(85 ± 2)℃,持续时间120h外观无明显变化,效率相对变化率0.1%

此外,中国电子科技集团公司第四十八研究所也开展了薄型晶体硅电池的研制工作,制备电池基于 $110\sim120\mu m$ 的晶体硅衬底,电池的转换效率达到20%(AM1.5),并且研制出基于蜂窝状背板材料的轻型组件。另外,国内薄型的 HIT 电池研制也开始起步,中国科学院微系统所联合常州天合光能有限公司,开展了大面积 HIT 电池的研究,在 2016 年制备的 $125mm\times125mm$ 电池样品效率达到 20% 以上。

目前,国内具备了薄化晶体硅太阳电池的研制基础,但是大部分产品的设计还停留在国外已有太阳电池的结构基础之上,在针对临近空间应用特征需求方面,所做的改进和设计较少,大多引进国外或借鉴以往的技术,新电池结构的设计能力较为欠缺,此外批量应用的薄型晶体硅太阳电池厚度还未达到 $90\mu m$

以下,需要在转换效率方面进一步提升 2% ~4%。

同国外先进水平相比,国内高效薄化晶体硅太阳电池研究的差距主要体现在以下几个方面。

(1)转换效率有待突破,尚未达到国外的 24% 以上的技术水平。目前国内能够实现 22% 以上电池效率,并能够批量生产的较少,而国外具有代表性的已经能够批量生产的美国 SunPower 公司的 IBC 电池、日本三洋公司的 HIT 电池均已实现了 23% 以上的转换效率,其主要原因就是国外采用了先进的背电极接触、刻槽埋栅、PERL 结构等新型电池形式,而我国在该方面的研究还处于起步阶段,急需进行技术的改进和革新。

(2)电池的薄化效果不够,电池的功率质量比低。国内空间用晶体硅太阳电池一般采用 160μm 的硅片,实践经验表明,150 ~100μm 厚的硅片较容易碎,必须采用非接触式的制作工艺。而国外已经实现了 100μm 以下的高效电池的研制,特别是随着多孔硅层转移技术的出现,使得 50μm 以下的硅太阳电池的研制成为可能。目前,国外已在实验室研制出这种超薄的高效率太阳电池样品。因此,我国对减薄工艺的研究已经落后于欧美等国家的技术水平。

(3)组件及阵列技术还不成熟,急需先进的组件技术支撑。尽管开展了部分太阳电池组件及其阵列的研制工作,但太阳电池组件及阵列技术开展滞后,美国已经开展了高效晶体硅太阳电池在飞艇上的应用研究,我国应同样开展相应电池上层总体技术的研究。

表 3－11 为我国高效电池与国外关于高效薄化晶体硅太阳电池在临近空间低速飞行器应用情况的技术对比,从对比结果可知,我国在太阳电池及组件的转换效率、功率质量比、可靠性、环境适用性等方面的研究水平和研究进程远落后于美国。

表 3－11　国内外技术水平的对比分析

项　目	国内水平	目前国际先进水平
硅基薄化水平	100 ~150μm	40 ~100μm
电池转换效率(AM1.5)	20% ~22%	批产 20% ~23%
电池单体硅基密度	230 ~350g/m²	90 ~180g/m²
电池结构	新结构较少	IBC 等多种新型结构
飞艇铺装应用	未进行大规模应用	已经完成生产(ISIS)
功率质量比	较低	较高

　　为了进一步提升临近空间低速飞行器应用的高效轻质组件技术,实现飞行器的大面积应用,还需从电池成形、PN 结生长、结构衬底设计等方面,以更轻量化和高效率为目标,完成更高比功率薄层太阳电池的研究,同时还需开展新型太阳电池组件成形工艺、安装结构研究、系统热设计等研究。

第4章
储能电池技术

4.1 锂离子电池技术

自1992年日本索尼公司发明第一批锂离子电池至今,锂离子二次电池已发展了近30年,广泛应用于日常生活。锂离子二次电池主要由正极、负极、电解质、隔膜和正、负极集流体等部分组成。其中,正、负极是由电化学过程中可嵌入脱出锂离子的活性材料与导电碳材料组成的锂离子和电子混合导体,电解质为锂离子导体,隔膜为电子绝缘微孔膜,正、负极集流体一般为金属箔。目前,商业化锂离子二次电池的正极材料主要由钴酸锂、锰酸锂、磷酸铁锂以及对它们进行掺杂的三元材料;负极材料主要是石墨类碳材料;电解液主要是锂盐的有机溶液;隔膜主要是聚合物微孔膜。图4-1是几类主要的商用锂离子二次电池主体结构示意图。除图中显示的主体结构外,一般商用电池还包括极耳、安全阀等。

锂离子二次电池的工作原理如图4-2所示。充电时,锂离子从正极活性物质的晶格中脱出,通过电解液和隔膜嵌入负极活性物质的晶格中,同时电子从外电路传输至负极;放电过程则与之相反。充、放电过程中锂离子在正、负极之间往复脱/嵌,所以锂离子二次电池也被形象地称为"摇椅电池"。

具有单体高电压、高能量密度、高能量效率和长寿命等优点的锂离子储能电池是临近空间低速飞行器的重要备选电源。虽然锂离子储能电池已广泛应用于日常生活,但临近空间的典型使用环境为低气压(小于2kPa)、宽温度范围(-40~55℃),并且包含一定倾斜、摇摆和振动等力学环境,与地面日常环境差异巨大,常规锂离子储能电池设计无法满足临近空间飞行器的应用

第 4 章　储能电池技术

需求。相对而言,空间应用环境与临近空间应用有一定的相似性,已得到大量应用的空间用锂离子电池的开发研制经验可为临近空间低速飞行器用锂离子电池的研制提供支撑。

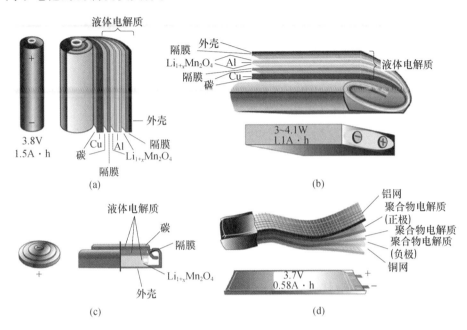

图 4 - 1　几类主要的商用锂离子二次电池主体结构示意图[36]

(a)圆柱形;(b)方形;(c)扣式;(d)薄板形。

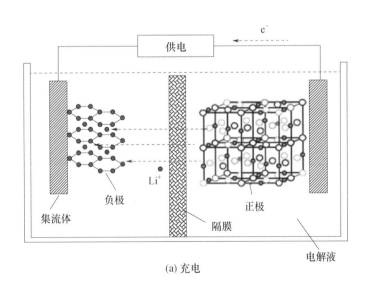

(a) 充电

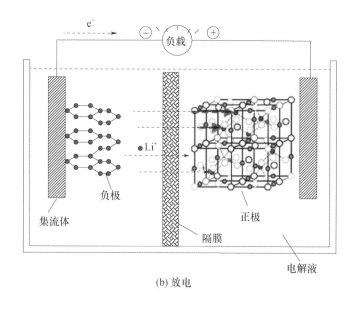

(b) 放电

图 4 - 2 锂离子二次电池的工作原理示意图[36]

4.1.1 国内研究现状

锂离子储能电池作为高能量密度的储能电源,1995 年就受到卫星、飞船等空间飞行器应用的关注,开始了相关研究工作。2000 年 11 月,英国首先在 STRV - 1d 小型卫星上采用锂离子储能电池组作为储能电源,经过近十几年的研究工作,STRV - 1d、W3A、THEMIS、Amazonas 等高轨道通信卫星,ST - 5、ST - 9 低轨卫星、GPM 卫星、LISA 卫星、HAS 卫星、MMS 卫星、JWST 卫星以及月球探测、火星探测器都采用锂离子储能电池作为储能电池。锂离子储能电池已经成为继镉镍电池、氢镍电池之后的第三代空间储能电源,见表 4 - 1。

表 4 - 1 应用锂离子电池的在轨飞行器型号情况

卫星	轨道	电池组结构	电池组规格	电池型号	电池生产公司名称
PROBA	LEO	一组电池组 6P6S	28V9A · h	Sony 18650 HC	AEA
Spirit("勇气"号)火星探测器	火星	两组电池组	28V8A · h		Lithion
Opportunity("机遇"号)火星探测器	火星	两组电池组	28V8A · h		Lithion

续表

卫星	轨道	电池组结构	电池组规格	电池型号	电池生产公司名称
Mars Express	火星	电池组由三个模块组成每个模块采用 6S-16P 结构	1554W·h	Sony 18650 HC	AEA
SMART1	GEO	单个电池		VES140O	SAFT
Hispasat's Amazonas		11S6P		VES140S	SAFT
Eutesat W3A	GEO	两组电池组 11S6P		VES140S	SAFT
XSS-11 小型卫星	LEO	一组电池组	28V30A·h		Lithion

国际上空间用锂离子电池的主要生产商有 SAFT 公司、AEA 技术公司、Lithion 公司等,他们的产品接受了各种模拟考核,表现出优异的性能。

图 4-3 是 SMART-1 月球探测卫星上用的锂离子电池。该单体重 1.1kg,标准储存能量为 140W·h,容量约 40A·h。SMART-1 上共使用了 5 个该种电池单体。

图 4-3　SMART-1 月球探测卫星上用的锂离子电池

目前,我国已完成了卫星用锂离子电池实用化技术、空间高可靠锂离子电池组、卫星用锂离子电池系列型谱的研究。在电池和电池组的结构设计、全密封设计技术、空间环境适应性等一系列关键技术攻关方面取得了突破性进展,成功地研制开发出容量为 10~50A·h 圆柱形空间用锂离子电池系列产品。目前,国产空间用锂离子电池已经在 30 多个卫星工程型号上应用。

2009 年,我国发射的 XW-1 卫星首次采用了锂离子储能电池组作为储能电源。2013 年 4 月发射的 XX-1 低轨卫星设计寿命达到了 5 年,XX-1 卫星采用的是 80A·h 大容量锂离子电池组如图 4-4 所示,通过 20A·h 单体电池组合而成,锂离子电池组在轨运行超过 4 年,在轨运行状态良好。目前,国内最大容量的空间锂离子电池组已达到250A·h,电池组由50A·h单体组合而成,如图4-5所示。

图4-4 空间用80A·h锂离子储能电池

图4-5 空间用250A·h锂离子电池组

目前,我国锂离子储能电池已经全面取代镉镍电池、氢镍电池作为卫星的储能电源。不仅对重量、体积要求苛刻的微小卫星全部采用了锂离子储能电池组作为储能电源,大功率、长寿命卫星等均采用了锂离子电池作为储能电池。

虽然空间用锂离子电池已日趋成熟,但临近空间低速飞行器用锂离子电池仍在研制当中。针对平流层飞艇的能源系统计算结果表明,平流层飞艇若要达到实用化水平,储能电源的质量能量密度需要大于200W·h/kg,最好大于300W·h/kg(含储能电池组结构件、控制部分),并且临近空间低速飞行器的功率需求高于空间用电源。同时,平流层飞艇所需的储能电池能量总量达到几十千瓦时,若采用常规低容量的电池串并联成组,电源管理难度增大,电源系统可靠性下降,而且也会给整个系统增加额外消极重量。因此,针对临近空间低速飞行器开发的锂离子电池,在延续空间用锂离子储能电池技术的基础上还需额外关注大容量电池技术,以及在保证高安全可靠性和临近空间环境适应性的同时进一步提升锂离子电池能量密度。

针对临近空间低速飞行器的电源系统,国内相关单位都已投入一定的人力、物力进行高质量能量密度锂离子储能电池的研发。截至目前,200A·h 容量级别单体电池,质量能量密度超过 250W·h/kg。图 4-6 为该单体电池常温 0.1C 放电曲线,单体充电至 4.35V,放电至 2.75V,实际放电能量 827.75W·h,单体质量 3.169kg,质量能量密度达到 261.203W·h/kg。图 4-7 为单体电池常温 0.2C 循环性能曲线,单体电池在加严进行的常温循环试验中,105 次循环后,容量保持率大于 91.14%。图 4-8 是单体电池在 4500Pa 下进行的 20A 电流充放电曲线,试验完成后,电池无开裂及漏液现象,4500Pa 下放电容量 224.7A·h,与常压下放电容量(223A·h)偏差小于 1%。对满电态单体电池使用 40A 电流过充电至 5V 停止(图 4-9),电池无开裂、漏液,不燃不爆,全过程温升为 10℃ 左右。对放电态单体电池使用 40A 电流过放电至电压 0V 停止(图 4-10),电池无开裂、漏液,不燃不爆,全过程温升为 5℃ 左右。满电态单体电池连接 20mΩ 电阻进行短路测试(图 4-11),电池无开裂、漏液,单体电池不燃不爆,全过程最大温升 25℃ 左右。由该类型电池组成的电池组模块,可以在 3kPa、-60℃ 的环境中工作,并可输出其常温能量的 90% 以上。

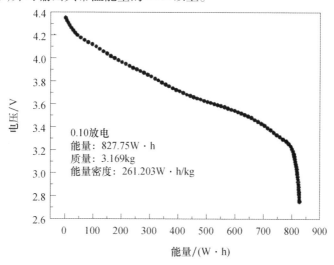

图 4-6　200A·h 单体电池最终产品充电到 4.35V 时
常温(25℃±5℃)0.1C 放电曲线

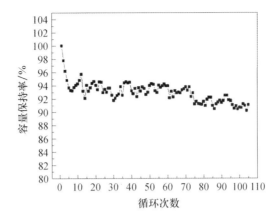

图 4 - 7　200A·h 单体电池常温 0.2C 循环曲线

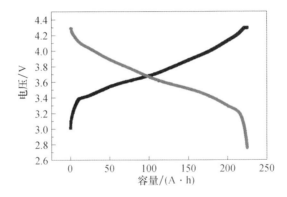

图 4 - 8　200A·h 单体电池 0.2C - 4500Pa 低气压充放电曲线

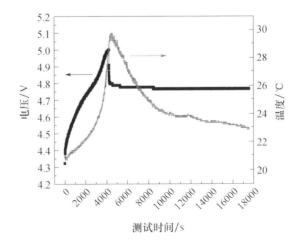

图 4 - 9　200A·h 单体电池 0.2C - 5V 过充电曲线

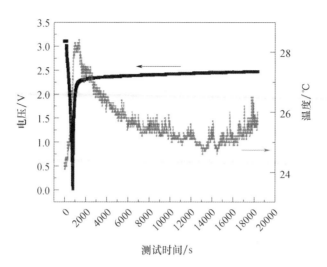

图 4 – 10　200A · h 单体电池 0.2C – 0V 过放电曲线

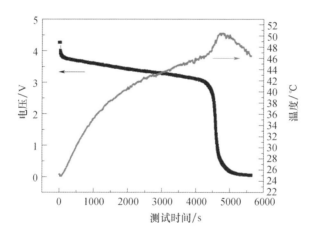

图 4 – 11　200A · h 单体电池最终产品 20mΩ 短路曲线

从单体电池及储能电池组性能上看,国内相关领域产品与国际先进水平之间并无较大差距,技术指标可以达到甚至超过国际先进水平,但在产品可靠性及批量产品的总体质量方面,尚有待提升。此外,在临近空间真实环境中的使用经验仍显不足。

4.1.2　关键技术分解

相对空间卫星场合,临近空间用的锂离子储能电池的工作温度范围宽,放电深度大,热管理技术较为复杂,而环境力学条件则有所缓和;相对地面的民用场合,临近空间锂离子储能电池的可靠性要求更高,且需适应复杂工作环境。针对高质量能量密度电池的特点及临近空间的特殊要求,对高效储能锂电池的技术分解结构,共分三个层级,其中:第一层次为高质量能量密度锂离子储能电池组;第二层包括高质量能量密度锂离子储能电池单体技术、高质量能量密度锂离子电池模块技术两项;第三层包括正极片技术、负极片技术、电解液技术、隔膜技术、热控技术、串并联技术、结构技术和热力学仿真技术8项。详细的树状图如图4-12所示。

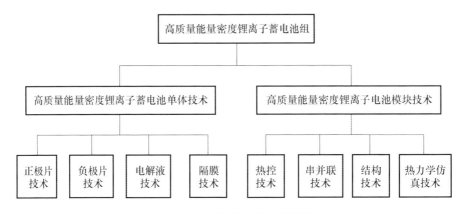

图4-12 关键技术分解树状图

1. 高能量密度锂离子储能电池单体技术

单体电池的好坏决定整个系统的性能,该技术涵盖了单体电池在临近空间应用的主要技术难点。电池单体包括单体电池的正极、负极、电解液以及隔膜。单体电池正极,直接决定着单体电池的能量密度的高低,同时也会对单体电池在高温、低温状态下的功率及能量输出特性,以及其循环性能产生较大的影响。负极材料的比容量高低,对单体电池的质量能量密度有一定的影响,同时,其结构特点以及与电解液的匹配性等方面的特性,也在很大程度上影响了单体电池的循环性能及安全特性。作为电池内部锂离子传导的媒介,电解液在不同温度下的电导率,其在高温、高电压条件下的稳定性以及与负极材料的兼容性,会对电池的高低温工作能力、循环性能及安全性能等产生较大的影响。锂离子电池隔膜,主要起到锂离子传导及隔绝正负极的作用,隔膜的性能参数,影响着单体电池低温、倍率性能以及荷电保持能力等指标。因此,单体电池正极片技术、负极片技术、电解液技术和隔膜技术是需要重点解决的关键技术。

2. 高能量密度锂离子电池模块技术

模块技术是对单体电池进行模块化设计和热控设计,包含串并联技术、结构技术、热控技术和热力学仿真技术。其中,串并联技术是针对电池模块输出电压、电流要求对电池模块内部单体电池的串并联进行设计;结构技术是对模块进行轻量化设计,解决储能电池组在不同温度、压力环境下的力学环境适应性及可靠性等;热控技术和热力学仿真技术是对模块工作过程的热效应进行模拟仿真以及对电池模块进行温控,保证储能电池组在较宽温度范围内(尤其是临近空间低温环境下)保持良好的能量和功率输出特性。上述技术对电池模块的性能有较大影响,但这些技术在民品电池以及空间用电池的使用较为成熟,可以借鉴。

4.1.3　关键技术研究情况

1. 单体电池正极片技术

要提高电池的能量密度,主要的方式是提高正极材料的克容量。锂离子电池正极材料主要分为三类结构:以钴酸锂为代表的层状结构、以锰酸锂为代表的尖晶石结构和以磷酸铁锂为代表的橄榄石结构,层状结构正极材料容量相对较高。层状 $LiMO_2$ 正极材料以立方密堆氧离子为支撑结构,过渡金属离子 M 和锂离子处于氧离子构成的八面体结构中心(图 4 – 13)。层状结构中良好的二维通道为锂离子可逆脱嵌提供路径。近年来,通过大量研究发现,采用金属元素掺杂可以提升正极材料性能,典型的材料包括 $LiNi_{1-y}Mn_yCo_zO_2$(图 4 – 14)和 $LiNi_xCo_yAl_{1-x-y}O_2$。另外,Li_2MnO_3 与层状 $LiMO_2$ 形成的富锂锰基材料 $Li[Ni_xLi_{1/3-2x/3}Mn_{2/3-x/3}]O_2(0 \leqslant x \leqslant 0.5)$ 也是高容量正极的关注热点。

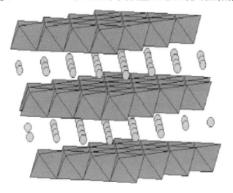

图 4 – 13　$LiMO_2$ 层状结构[37]

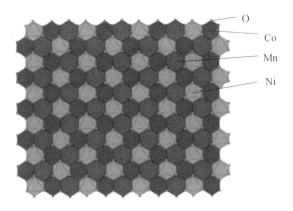

图 4 – 14 $LiNi_{1-y}Mn_yCo_zO_2$ 结构示意图[38]

富锂锰基材料 $Li[Ni_xLi_{1/3-2x/3}Mn_{2/3-x/3}]O_2(0 \leqslant x \leqslant 0.5)$（图 4 – 15）由美国阿贡实验室最早研发，充电至 4.8V 时至少能够放出 200mA·h/g 比容量，而且具有良好的循环性能，其超高的比容量吸引了世界各国研究人员的目光，现在仍是研究热点。$Li[Ni_xLi_{1/3-2x/3}Mn_{2/3-x/3}]O_2$ 是由 Li_2MnO_3 和层状 $LiMO_2$ 两种组分构成，但对其结构目前仍未达成共识。有一种观点认为 Li_2MnO_3 中的 Li^+ 和 Mn^{4+} 与 $LiMO_2$ 中的过渡离子形成一定程度的混排，两种组分为原子相溶，以固溶体形式存在；另一种观点认为锂和过渡金属元素有序排列，两种组分在纳米尺度上形成两相均匀混合物。

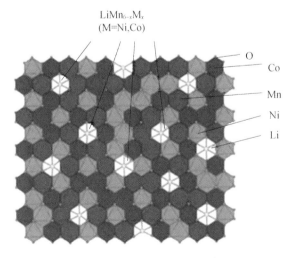

图 4 – 15 富锂锰基材料 $Li_2MnO_3 \cdot LiNi_{1/3}Mn_{1/3}Co_{1/3}O_2$ 结构示意图[38]

图 4 - 16 为富锂锰基材料样品的表面形貌照片,粒子为非球形结构,振实密度较低,材料比表面积高、粒径小(表 4 - 2),对电极加工性能要求高。材料的 XRD 分析结果如图 4 - 17 所示。图 4 - 18 为富锂锰基材料首次充放电曲线(0.1C 充放),其 0.1C 常温放电克容量可达 260mA·h/g 以上,虽然放电平均电压较低,在 3.3 ~ 3.4V 之间,但由于容量较高,使得质量能量密度仍高于传统正极材料。采用新型层状富锂材料制备的 18650 实验电池常温循环性能如图 4 - 19 所示。在进行了 100 次 0.2C 充放电循环后,该材料容量保持率在 92% 左右,并且 50 次循环后,其容量衰减速度明显降低,显示了一定的容量保持能力。

表 4 - 2 富锂锰基层状材料物性参数

测试项目		检测数据
pH 值		11.48
振实密度/(g/cm³)		0.85
粒径分布/μm	D10	0.41
	D50	1.62
	D90	10.2
	D99	34.33
比表面积/(m²/g)		4.07

图 4 - 16 富锂锰基材料样品的表面形貌照片

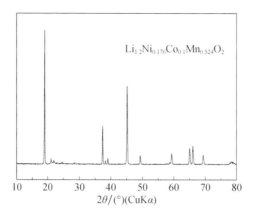

图 4 - 17   层状富锂材料的 XRD 分析结果

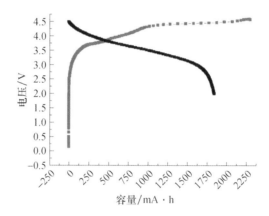

图 4 - 18   富锂锰基材料首次充放电曲线

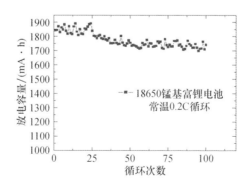

图 4 - 19   层状富锂材料制备的 18650 电池常温循环性能曲线

虽然层状富锂锰基材料性能较优,但由于目前该材料的生产技术及工艺尚未成熟,距离实用化尚有一定距离,暂时无法应用于临近空间低速飞行器大规模储能电池研制中,只能作为后续研发的重要备选材料。

　　除层状富锂锰基材料外,典型的高容量正极材料还有 $LiNi_{1-y}Mn_yCo_zO_2$ 和 $LiNi_xCo_yAl_{1-x-y}O_2$。$LiNi_{1-y}Mn_yCo_zO_2$(NCM 材料)中 Ni、Co、Mn 在过渡金属层中混排,充分利用了三种离子在层状结构的优点,Ni 作为具备电化学活性的离子,Mn 作为晶体结构的骨架存在于结构之中,Co 具有电化学活性同时也起稳定晶体结构的作用。而在 $LiNi_xCo_yAl_{1-x-y}O_2$(NCA 材料)中,稳定晶体结构的是不具备电化学活性的铝离了。两种材料中 Ni 的含量越高,材料的克容量发挥得越高,但同时结构中的金属离子也更易溶解于电解液中,与电解液发生副反应,影响电池循环性能。为改善高容量层状材料的循环性能可以通过表面包覆金属氧化物(Al_2O_3、ZnO、ZrO_2 等)等方式修饰正极材料表面,使材料与电解液机械分开,同时表面包覆还可以减少正极材料在反复充放电过程中材料结构的坍塌。

　　图 4 - 20 显示了 NCA 正极材料包覆前后的扫描电镜图片。将包覆前后的 NCA 材料制备为电池,高温搁置处理后,对其容量进行测试,结果如表 4 - 3 所列。NCA 正极材料进行包覆后,高温存储的容量损失率减少,说明包覆有助于提高材料的稳定性。

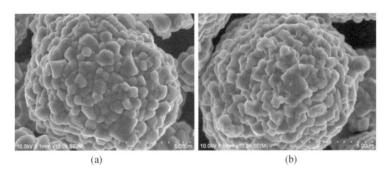

(a)　　　　　　　　　　　　　　(b)

图 4 - 20　NCA 正极材料包覆前后的扫描电镜图片

(a)包覆前;(b)包覆后。

表 4 - 3　包覆前后制备的实验电池的高温存储性能

包覆处理	容量损失率/%	容量恢复率/%
包覆前(85℃存储4h)	22.7	82.1
包覆处理后(85℃存储4h)	11.4	92.5
包覆前(85℃存储24h)	26.7	83.6
包覆处理后(85℃存储24h)	18.2	88.3

图 4-21 为表面包覆后的 NCA(2#) 和未包覆的 NCM(1#) 两种材料的常温
0.1C 放电曲线。由图中可以看出,NCA 材料和 NCM 材料的常温 0.1C 比容量
较接近,可以达到 200mA·h/g。而通过比较表 4-4 中的 1#、2#两种材料常温
条件下不同倍率循环的容量保持率可以看到,表面包覆后的 NCA 在不同倍率
下循环,其容量保持能力均优于未包覆的 NCM,并且随着倍率的增大,两种材料
容量保持率的差距明显地增大。

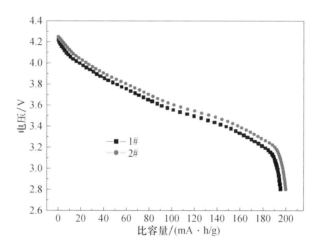

图 4-21　两种材料常温 0.1C 放电曲线

表 4-4　自研 NCM 和改性 NCA 材料循环性能比较

	500 次保持率/%	
	1#	2#
0.2C 充 -0.2C 放	89.35	92.78
0.5C 充 -0.5C 放	82.32	87.64

　　除了选择比容量较高的正极材料,为提高电池的容量,还需要增加单位面
积电池极片中的正极活性物质载量。这可通过增加极片厚度和提高正极配方
中活性物质含量来实现。但提高活性物质含量的同时,必将导致正极片中导电
子网络占比的下降,影响正极容量发挥和影响倍率性能。因此,需对正极片中
的导电材料进行优化。

　　表 4-5 为不同配方电极基本性能的比较。添加了导电碳纳米材料(T)的
电极,无论在循环性能还是极片电阻率方面,都明显优于只添加导电石墨(G)
的电极。但是,由于导电碳纳米材料的分散难度要大于导电炭黑(B)和导电石

墨,过量添加,不仅不能有效提升电极的电性能,反而会由于分散效果差,造成电极电阻率及寿命的下降。另外,增加正极片厚度可以增加单位面积正极活性物质载量,但极片厚度的增加会影响正极层与集流体间的附着力,极片厚度增至一定程度,正极层容易开裂及从集流体上剥落。因此,在电极的加工参数、加工工艺等方面,均需要进行有针对性地调整。表 4-6 比较了 4 种电极碾压工艺。最终影响电池制备(主要是卷绕工序)以及电池最终性能的电极膨胀率和颗粒破损比例,与电极压实密度及碾压次数等均有直接的联系。为了保证烘干后极片较低的膨胀率以及维持材料形貌的完整,需要选择合适的压实密度范围,并采用二次碾压工艺。

表 4-5　不同配方电极基本性能比较

配方	1	2	3	4
B/%	3	3	3	2.5
G/%	2	1	0	0
T/%	0	1	2	2.5
电阻率/(Ω·cm)	28	24	18	21
500 次 0.2C 循环容量保持率/%	89.78	90.59	93.05	91.89

表 4-6　不同加工工艺制备的电极性能比较

方　案	1	2	3	4
压实密度/(g/cm³)	2.8~2.9	3.1~3.2	3.4~3.5	3.1~3.2
碾压次数	2	2	2	1
极片电阻率/(Ω·cm)	21.2	8	19.9	21.5
100℃烘干 72h,厚度膨胀率/%	7	8	0	11

2. 单体电池电解液技术

电解液是电池中非常重要的组成部分,不仅影响电池的电化学性能,对电池的温度、压力等环境适应性也有显著影响。

为进一步提高单体电池质量能量密度,需要进一步降低电池重量,最为直接有效的办法是尽可能降低电解液的用量。例如,对于某柱状 200A·h 电池设计,电解液量每减小 0.1g/A·h,单体电池质量能量密度可提高 1~1.5W·h/

kg。表4-7和图4-22比较了不同单位容量电解液注入量(质量)下电池的基本性能,其中电解液注入量A < B < C < D。随着电解液注入量的减少,电池容量呈逐渐下降的趋势,内阻则呈逐渐上升的趋势。但注液量减少至B以后,电池容量的下降及内阻上升的趋势增加。同时,从容量保持率来看,C、D两种注液量的电池,因电解液注液量较大,体系内部存在的游离电解液量较多,体系内部副反应随之增加,对循环寿命造成一定影响。因此,电解液注液量应保持在最优值范围内。

表4-7　不同电解液注入量电池性能参数比较

注液量/(g/A·h)	A	B	C	D
内阻/mΩ	25.9~27.9	21.6~23.8	21.4~23.5	21.2~23.3
初始容量/(mA·h)	1801.6	1843.9	1846.8	1851
600次循环容量保持率/%	85.15	89.16	88.79	87.94

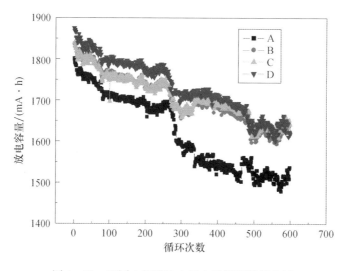

图4-22　不同电解液注入量电池循环性能曲线

除了电解液的注入量会对电池质量能量密度产生影响,还可以通过电解液组成的优化提高电解液稳定电压范围来提升电池安全工作电压,从而提高电池质量能量密度。如图4-23所示,在电解液中加入稳定添加剂后,电池充电电压由4.2V提升至4.3V,电解液体系仍然稳定,电池500次循环容量保持率为90.2%。

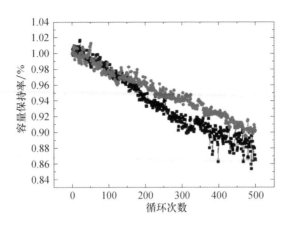

图 4 – 23　使用高电压体系电解液制备的 18650 电池在
4. 2V 及 4. 3V 下的 0. 5C 100% DOD 循环性能曲线

另外,电解液的组成也会对电池循环性能产生影响。图 4 – 24、图 4 – 25 比较了 A、B 两种电解液体系电池常温循环前后的阻抗,其中 B 电解液体系中添加了 2% 的成膜添加剂。通过对比,采用 B 电解液的 18650 全电池阻抗增加较为缓慢。图 4 – 26 所示为使用 A、B 两种电解液的电池 0. 5C 充电 – 1C 放电 100% DOD 常温循环曲线。从图中可以看出,采用电解液 A 的电池 400 次 0. 5C – 1C 循环容量保持率为 92. 67% ,采用电解液 B 的电池为 96. 01% 。B 配方中的成膜添加剂在烷基碳酸酯溶剂中具有更高的溶解度,能够通过一系列复杂的置换反应在负极颗粒表面形成有效、稳定的 SEI 膜,有效减缓了循环过程中由于阻抗增加而导致的电池功率性能下降。

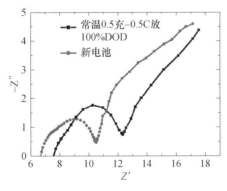

图 4 – 24　3. 65 V 下,采用配方 A 电解液制备的
18650 电池的常温循环前后阻抗比较

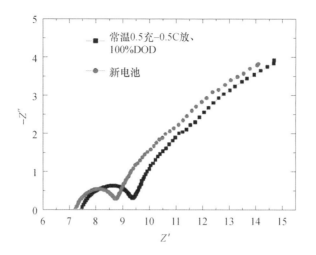

图 4 - 25　3.65V 下,采用配方 B 电解液制备的
18650 电池的常温循环前后阻抗比较

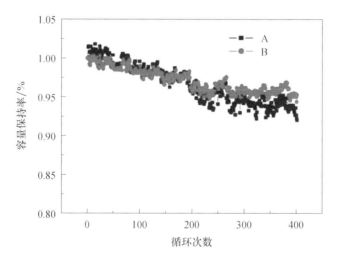

图 4 - 26　采用 A、B 两种电解液的 18650 电池在 25℃ 下的
0.5C - 1C100% DOD 循环性能曲线

如前所述,电解液还会影响电池的温度适应性。图 4 - 27、图 4 - 28 为两种不同溶剂组分的电解液在不同温度下 0.2C 的放电曲线,如图所示,在 - 40℃ 的低温条件下,普通的 A 电解液可以放出常温容量的 60% 以上,而配方 B 在 -40℃ 下可以放出常温容量的 70% 以上。

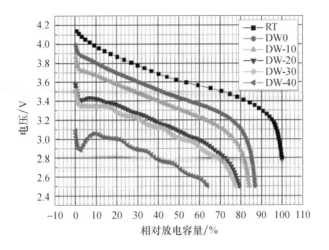

图 4 - 27　A 电解液低温性能(0.25C 放电)

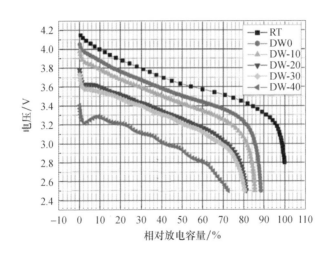

图 4 - 28　B 电解液低温性能(0.25C 放电)

　　用压力传感器测试了化成前后及 400 次循环后的 18650 电池内压变化,比较电解液体系的稳定性及其与正负极材料的相容性。从表 4 - 8 可以看出,电池未化成负极处于贫锂态,负极极片表面没有形成 SEI 膜,体系内部没有气体产生,因此电池内压未出现明显增加。电池首次化成后,尽管两种 18650 电池的正负极材料体系相同,但是由于 A、B 电解液配方存在差异,因此其在石墨表面形成的 SEI 膜成分也略有不同。伴随 SEI 膜形成的气体副产物如烯烃类的种类及数量均存在差异,因此,造成电池体系内压也存在不同,B 电池内压增加较小。随后期循环不断进行,电解液不断与正极活性物质发生副反应,同时还伴随着负极 SEI 膜的不断重组和修复,产气量不断增加,这时对体系内压起决定作用的因素是电解液体系在高电压下的稳定性。

表 4-8　A、B 两种电解液的化成中产气量对比及循环中内压变化

电解液型号	化成前	化成后	400 次循环后
A/atm	1	1.28	1.49
B/atm	1	1.15	1.30
注:1 atm = 0.1 MPa			

综上所述,通过添加成膜添加剂和稳定剂以及优化溶剂组成等方式对电解液进行优化改性,可提高电池的能量密度、循环稳定性以及环境适应性。

3. 隔膜技术

隔膜也是锂离子电池电芯的重要组件之一,在正、负极之间发挥机械隔离作用,保证正、负极间的电子绝缘,同时隔膜还具备一定的保液性,允许锂离子通过,保证电化学反应的顺利进行。隔膜的优劣对于电池自放电及安全性能有直接的影响。

隔膜保液能力及电子绝缘性与隔膜厚度及孔率、孔径、孔的曲折系数相关,此外,隔膜上涂覆陶瓷涂层之后将会提高隔膜的耐温能力,表 4-9 为目前常用的进口 PP/PE/PP 三层隔膜与无机涂层隔膜在不同温度下烘烤之后的收缩情况。A 隔膜在 100℃时就已经开始出现收缩,B 隔膜在 140℃时出现明显收缩,涂覆陶瓷涂层的隔膜即便在 140℃时也未出现收缩,表现出良好的耐热特性,无疑这将有利于改善锂离子电池的安全性能。

表 4-9　不同隔膜高温下的收缩率测试

收缩率/ % ＼ 条件 隔膜	90℃/2h	100℃/2h	110℃/2h	120℃/2h	140℃/2h
三层复合聚烯烃隔膜 A	99.2	94.2	93.5	92.0	78.1
三层复合聚烯烃隔膜 B	99.3	98.5	98.5	98.2	90.0
无机涂层隔膜	99.7	99.0	99.5	99.5	99.7

4.2　锂硫电池技术

锂硫电池是指采用硫或含硫化合物作为正极、锂为负极,以硫-硫键的断裂/生成来实现电能与化学能相互转换的一类电池体系。锂硫电池作为正在开发的二次电池体系中具有最高能量密度的一种,其理论质量能量密度达 $2600W\cdot h/kg$,是高性能锂二次电池的代表和方向。NASA 于 2005—2008 年先后将其定位为"支撑未来空间平台"的 5 项关键技术之一和"对地观测技术长寿命二次电池新型技术"。锂硫电池应用于临近空间低速飞行器对于减小电源分系统质量有现实意义。

锂硫电池的工作原理不同于锂离子电池的离子脱嵌机制,而是电化学转化机制。放电时锂负极中锂失电子产生锂离子,锂离子通过电解液由负极向正极迁移,正极中硫与锂离子以及电子反应生成硫化锂;充电时则发生逆过程,正极中硫化锂电解,释出的锂离子由正极重新迁移回负极得到电子沉积下来。充/放电过程中硫正极发生的化学过程是比较复杂的,会形成一系列的锂多硫化合物(图 4-29),所以锂硫二次电池的放电曲线会呈现三个平台(图 4-30),对应三个主要的电化学过程:

(1)高放电平台的快速动力学过程:$S_8^0 + 4e^- \rightarrow 2S_4^{2-}$

(2)低放电平台的中速动力学过程:$2S_4^{2-} + 4e^- \rightarrow 2S^{2-} + S_2^{2-}$

(3)更低放电平台的低速动力学过程:$S_2^{2-} + 2e^- \rightarrow 2S^{2-}$

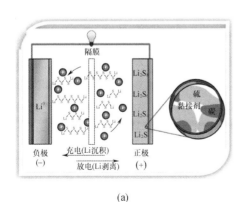

(a)

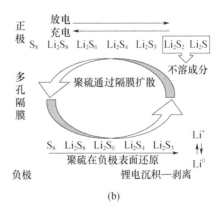

(b)

图 4-29　锂硫二次电池工作原理[39,40]

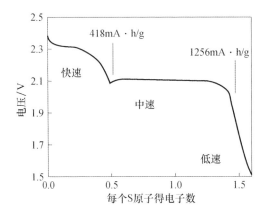

图 4 - 30　锂硫二次电池放电曲线[41]

4.2.1　国内外研究现状

从 2000 年开始,锂硫二次电池的报道呈指数级快速增长,对锂硫电池的硫正极、电解液、锂负极、隔膜、电化学机理等方面的研究迅速兴起,锂硫单体电池和电池模块的研究也获得了较大的进展,电池的能量密度、循环性能、倍率性能以及综合性能等均获得了明显的提升。在电极过程和电池性能衰减机制的研究方面,对于循环过程电极组分和结构、形貌变化的分析,揭示了电池性能衰减的多方面深层次原因;在电极新材料及电解液研究方面,各类新型碳材料及纳米添加剂的合成及应用、碳硫纳米复合技术、导电高分子、新型电解质、电解液添加剂的开发,极大地促进了锂硫电池性能的提升。

在电动汽车、无人机、空间飞行器等应用需求的牵引下,国外锂硫电池不仅在实验室研究方面取得了全面的进展,在大容量软包电池、电池模块开发等工程化研制方面也取得了一定的进展。据报道,英国 Oxis Energy 和美国 Sion Power 公司软包装锂硫电池的研究处于领先水平。Sion Power 公司 2004 年就宣布研制出质量能量密度超过 350W·h/kg 的锂硫电池。2010 年,该公司将锂硫电池和太阳能电池应用于"西风"无人机,创造了连续飞行 14 天的飞行纪录。2012 年,德国 BASF 公司收购了 Sion Power 公司,开发电动汽车用锂硫电池,提出了锂硫电池质量能量密度达到目前锂离子电池的 4 倍、循环寿命达到 500 次的研制目标。2013 年,Oxis 公司宣称采用新型电解质膜技术可实现锂硫电池 750 次循环容量衰减 4%,已报道的 6A·h 单体电池稳定循环质量能量密度为 250W·h/kg。2017 年 4 月,由 Oxis 公司和帝国理工大学联合举办的第三届锂硫电池机理、模型与材料研讨会上报道了 Oxis Energy 的 400V、192 串锂硫电池模块 BMS 的设计、建模、验证、测试和评估相关研究工作,预示着国外锂硫电池的发展已迈出了产业化和工程应用研究的步伐。2019 年,该公司在首届国际锂硫电池会上宣称其研发的轻型锂硫电池质量能量密度达到 400W·h/kg,可稳定循环 50 次,计划到 2020 年开发质量能量密度达 500W·h/kg 的电池。

国内方面,较多高校和研究机构投入锂硫电池的研究和开发。单体电池研究方面,中国科学院大连化学物理研究所在第三届全国储能科学与技术大会上展示了质量能量密度 320W·h/kg 可循环 140 次的 1.5A·h 锂硫电池以及循环后针刺安全的试验结果。据报道,中国科学院苏州纳米技术与纳米仿生研究所在 2015 年也研制出质量能量密度高于 400W·h/kg 可循环 50 次以上的锂硫软包电池。

在面向临近空间低速飞行器工程应用的锂硫电池研究方面,军事科学院、国防科技大学分别研制出大于 500W·h 的锂硫电池模块,质量能量密度超过 300W·h/kg,单体电池质量能量密度水平达到 350W·h/kg,且经历 40℃、−20℃ 及初步振动试验无安全问题。图 4 − 31 为军事科学院研制的 600W·h 锂硫电池组。电池组由 6.2A·h 单体电池通过 8 并 6 串组成电池组(先并联后串联)。0.1C 充电,0.2C 放电,BMS 控制下前 3 次循环良好,第三次模块的能量 607W·h,比能量为 333.6W·h/kg,电池组工作电压为 12.1V,充放电效率 96.9%。电池组经振动测试后,能量保持率为 100%。图 4 − 32 为国防科技大学研制的 500W·h 锂硫电池组及振动测试现场照片。2019 年中国科学院大连化学物理研究所技术入股的中科派思储能技术有限公司锂硫电池中试生产,共同开发的太阳能/锂硫电池驱动平流层大翼展无人机首飞成功。

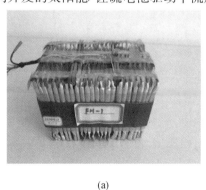

(a)

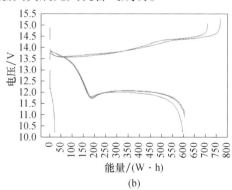

(b)

图 4 − 31　军事科学院研制的 600W·h 锂硫电池组及前 3 次充放电曲线

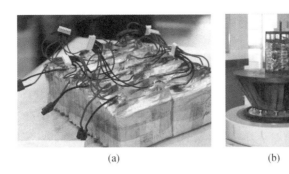

(a)   (b)

图 4 - 32　国防科技大学研制的 500W·h 锂硫电池组及振动测试现场照片

总体而言,从性能水平数据分析,国内外锂硫电池的性能水平旗鼓相当。但是,锂硫电池步入实用化,其高质量能量密度下循环性能的提升仍然是技术难点。分析各大公司锂硫电池的性能报道,与高质量能量密度性能水平相对应的循环性能数据依然不充分,说明高硫载量条件下(高质量能量密度)锂硫电池体系的长循环问题仍在突破。锂硫电池固有的活性物质 S 及其放电产物 Li_2S 的绝缘性问题、溶解在电解液中的多硫化物的飞梭效应问题、电极体积膨胀问题、活性物质不可逆氧化、锂负极的稳定性与安全性问题以及电解液的损耗等问题,仍然不同程度地影响着电池综合性能的提升和锂硫电池的实用化进程。

从解决锂硫电池瓶颈技术的对策分析,针对该体系存在的典型问题,国内外研究者目前倾向于从以下几个方面开展相应的研究工作。

(1)对于导电性差问题,通常将硫与各种导电剂复合,如多孔碳、碳纳米管、石墨烯、碳纤维、导电聚合物等。将多种碳材料杂化后复合硫,通过三维结构的设计,提高硫的载量,并且使硫和导电网络更有效地接触、构建更丰富的电化学反应界面,同时使电解液更充分地浸润,提升放电容量和倍率性能。

(2)对于飞梭效应问题,设计物理或化学吸附、增加物理阻隔结构是有效措施。例如,利用掺杂改性等化学修饰手段增加碳骨架极性,再利用碳骨架丰富的孔隙结构和强大的比表面积吸附活性物质抑制聚硫的溶解和飞梭;利用极性的过渡金属化合物对聚硫离子的化学吸附作用抑制飞梭效应;采用具有选择透过性的电解质膜,如功能性聚合物或全固态无机物电解质与多孔膜复合,抑制长链聚硫锂的溶解和飞梭效应。这些措施都是重要的发展方向。

(3)对于体积膨胀问题,通常采用以下策略:构建正、负极多孔或空心结构,为体积膨胀留出充足空间;设计弹性过渡层或缓冲层结构,如加入多孔碳中间层,在电极表面或电极中使用黏弹性材料等。

(4)对于锂负极和电解液反应造成的电解液损耗等问题,通过以下方法改进:在锂负极表面形成保护性涂层,阻止锂与聚硫锂直接接触,稳定 SEI 膜;在电解液中加入添加剂如 $LiNO_3$,在锂负极表面形成保护膜。

4.2.2 关键技术分解

锂硫电池模块的关键技术可分解为 3 层,第一层为锂硫电池模块;第二层包括锂硫单体电池、电池模块技术;第三层是第二层技术的详细分解结构。其中,锂硫单体电池包括高效正极制备技术、功能型电解质技术、稳定化锂负极技术、单体电池一致性技术;电池模块技术包括电池模块管理技术、电池模块环境适应性技术。技术分解结构树状图如图 4-33 所示。

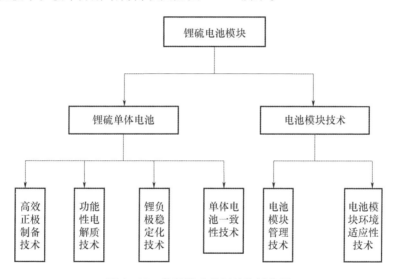

图 4-33 关键技术分解结构树状图

1. 锂硫单体电池

单体电池是锂硫电池模块的最小组成单元,主要包括高效正极制备、功能性电解质、锂负极稳定化、单体电池一致性等相关技术。其中,高效正极制备技术、功能性电解质技术和锂负极稳定化技术是需解决的关键技术。

高效正极制备技术是在保证导电性的基础上,通过孔隙率及分布控制、修饰技术改变表面能及表面吸附状态、正极负载催化剂,保证正极活性物质、电化学中间产物分散均匀,电子和离子通道循环过程畅通无阻,并抑制电化学活性物质的溶失,改善多次充放电过程正极骨架的稳定性和活性中心的反应活性,进一步提高容量、倍率性能及循环稳定性,涉及碳硫的纳米复合技术、导电/导离子网络的构建技术和新型碳材料的设计合成技术等。

电解液组分对锂硫电池容量及循环稳定性有较大的影响。功能性电解质技术是研究不同溶解特征、极性、黏度、介电常数的电解液有机溶剂对硫电极容量输出特性以及放电产物溶解性的影响;调节电解液有机溶剂及锂盐的种类和浓度,提高离子电导率,改善锂硫电池的充放电性能;研究电解液添加剂对活性物质可逆转化的影响。

锂负极活性高,易发生与电解液有机溶剂、正极活性物质硫及与放电过程可溶性产物聚硫的副反应,对质量能量密度、循环性能和安全性能、储存性能造成影响。在正极结构优化基础上,循环性能的改善将主要取决于锂负极形态动态变化和副反应的抑制。采用锂负极稳定化技术在锂负极表面形成针对减小形变和晶枝形成而设计的稳定层作为阻隔层,阻隔除锂离子以外的离子,防止锂负极与电解液及溶解于其中的正极活性物质等的副反应,解决电池在储存、使用过程因负极副反应造成的容量衰减问题。

2. 电池模块技术

锂硫电池模块技术主要是实现锂硫单体电池的集成,形成电池模块,包括电池模块管理、电池模块环境适应性等相关技术。锂硫电池的模块技术可承继已成熟的锂离子电池组结构设计、管理和控制技术等。

▶▶▶ 4.3 再生燃料电池技术

再生燃料电池是将水电解技术与氢氧燃料电池相结合的一种新型发电装置。白天,可利用太阳电池产生的电能通过质子交换膜水电解器电解水制取氢气和氧气,并储存在气罐中;夜间,燃料电池使用储罐中储存的氢气和氧气发电,反应产物——水经收集后输送回水电解器中重复使用。再生燃料电池自成封闭的物质系统,无须外部供应氢气和氧气,整个工作过程就是水的分解和复合的循环过程,具有清洁、高效等特点。再生燃料电池非常适合低重量、大功率、长耗时的用电需求,是空间站等空间飞行器以及临近空间低速飞行器的备选电源之一。

根据燃料电池与电解池的结合方式,再生燃料电池可分为独立电解的再生燃料电池系统(IRFC)和一体式再生燃料电池系统(URFC)。其中,IRFC 又可以分为两种:一种是电解池与燃料电池只有反应物互相贯通、其他部分相对独立的分体式再生燃料电池;另一种是燃料电池与电解池集中连接安装的综合式再生燃料电池系统。

4.3.1 系统组成

再生燃料电池储能系统主要包括电解分系统、发电分系统、氢氧储存分系统、环控分系统以及电力电子测控分系统。

1. 电解分系统

电解分系统主要组成包括电解器以及高压供水泵、离子净化器、流量控制器、电解氢氧气/水冷却分离器、内外循环换热器、高压补水泵、高压水箱等。主要功能是:提供电解器安全高效工作条件,实现电解高压用水的低功耗供应;电解全过程的电解器出口氢氧压差精确控制;电解高压氢氧气/水的高效分离;以及合理选取电解器额定工作点,提高系统的使用裕度。

2. 发电分系统

发电分系统主要组成包括燃料电池以及常压介质泵、流量控制器、发电氢氧处理器、氢氧回收循环泵、氢氧水分离器、内外循环换热器、常压介质箱等。主要功能是:提供燃料电池安全高效工作条件,实现发电全过程的燃料电池进口氢氧气压差精确控制;燃料电池进口氢氧气的加温加湿;燃料电池排出氢氧气/水的全回收;合理选取燃料电池额定工作点,提高系统的使用裕度。

3. 氢氧储存分系统

氢氧储存分系统主要组成包括氢氧储罐组件及电磁阀等。主要功能是:提供电解氢氧气的轻质化安全储存,实现电解产气含水高效处理、解决内胆腐蚀问题;气体在-57℃下直接储存,储罐无须环控。

4. 环控分系统

环控分系统主要组成包括乙二醇泵、流量控制器、空间换热器、乙二醇储箱等。主要功能是:保证系统的环境适应性,利用内部废热进行系统模块保温防冻和发电氢氧气加温;为电解氢氧气的除水提供独立冷源;为电力电子组件温控提供冷(热)源。

5. 电力电子测控分系统

电力电子测控分系统主要组成包括核心控制器、伺服电机驱动器以及置于结构组件的温度、压力等传感器等。主要功能是:保证系统样机的全过程受控运行,实现电机驱动器与核心控制器的一体化;临近空间环境下的综合热设计;

电磁兼容性与强抗干扰设计;燃料电池及电解器的单体巡检设计;优化的测控流程/逻辑算法软件设计;CAN 总线设计。

再生燃料电池储能系统组成如图 4-34 所示。

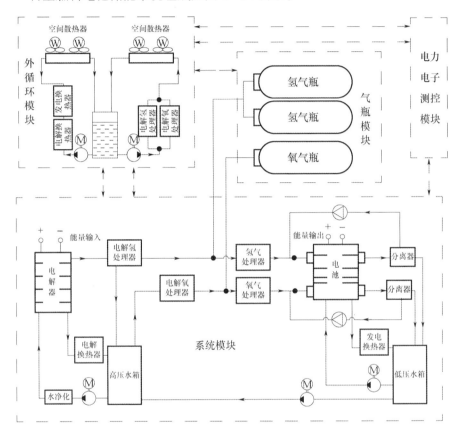

图 4-34   再生燃料电池储能系统组成示意图

4.3.2   关键技术分解

再生燃料电池储能系统的关键技术分解可分为 4 层。其中,第一层为再生燃料电池储能系统。第二层包括质子膜水电解器、燃料电池模块技术、氢氧储罐技术、再生燃料电池储能系统集成技术。第三层中,质子膜水电解器包括膜电极组件技术,电解器防护技术,电解器设计、加工与集成技术;燃料电池模块技术包括高效一体式膜电极技术、轻质双极板技术、电池堆集成设计技术;再生燃料电池储能系统集成技术包括电解分系统技术、发电分系统技术、环控分系统技术、测控分系统技术。第四层是第三层技术的详细分解。关键技术分解树状图如图 4-35 所示。

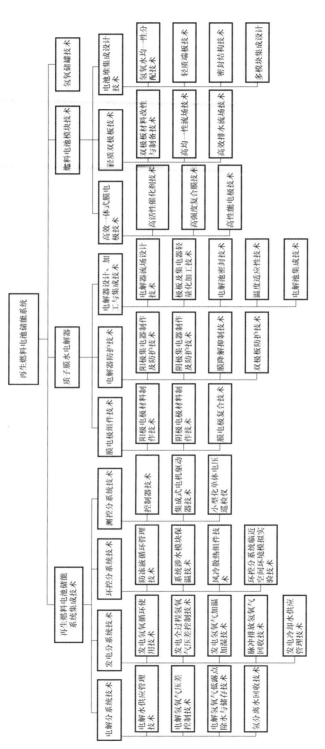

图 4-35 关键技术分解树状图

1. 质子膜水电解器

在再生燃料电池系统中,质子膜水电解器的功能是白天将水分解成为氢气与氧气储存,晚上供给燃料电池发电,因此它是构成再生燃料电池系统的关键一环。它决定着再生燃料电池的效率、功率质量比等性能,是制约再生燃料电池能否在临近空间低速飞行器中应用的核心技术之一。质子膜水电解器的基本结构如图 4 – 36 所示,阴、阳双极板的作用是固定或支撑电解质和电极、传递电子和提供物质流通通道。阴、阳集电器起着将电流和水均匀分布到电极上的作用。膜电极集催化剂、电解质、隔膜于一身,电流传递到电极上,将水分解为氧与质子,氧气从阳极析出,质子从膜上传递到阴极,质子得到电子从阴极析出氢气,并实现电的导通。水电解器是由一系列结构相同的单电池(图 3 – 36)通过上/下端盖、螺杆、碟簧、螺母集成的,如图 4 – 37 所示。

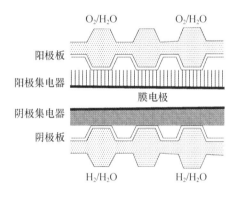

图 4 – 36   质子膜水电解器基本结构

图 4 – 37   水电解器集成图

1）膜电极组件技术

膜电极组件由电解质膜、阳极电极、阴极电极组成,是水分解成氢气与氧气的场所,水在阳极电极上失去电子生成氧气,氢离子在阴极电极上得到电子生成氢气,质子膜起到电解质的作用,质子在膜中迁移,实现电的导通。它处于电解池的中央,径向与密封结构连接,实现阳极室与阴极室、电池内与外的隔离,轴向被阳极集电器与阴极集电器包裹,进行物质与电的传递。膜电极组件是电解器的核心,它决定着电解器的工作电流流密度、效率、产物的纯度等电化学性能。

膜电极组件技术又包含了 3 个下级技术,分别是阳极电极材料制作技术、阴极电极材料制作技术、膜电极复合技术。电极材料制作技术主要研制水分解的催化剂,分别位于膜电极的阳极和阴极侧,决定电解器电解效率性能与工作条件;膜电极复合技术是将电极材料与膜集成一体,决定电解器的电化学性能以及电解器的稳定性。

2）电解器防护技术

水电解过程中将产生大量高活性的原子氧、原子氢,它们会使与之接触的材料腐蚀,影响水电解器的寿命及长时间工作的性能。电解器的防护技术包含 4 个下级技术,分别是阳极集电器制作及防护技术、阴极集电器制作及防护技术、膜降解抑制技术、双极板防护技术。

集电器是水及电解产物输入、输出的通道,也是传递电子的通道,它处于电解池的膜电极与双极板之间。电解过程中,水电解器中呈现强酸性,在阳极和阴极分别产生大量高活性原子氧及原子氢,它们使集电器材料出现钝化与氢脆,使集电器的导电能力降低或丧失,结构力学强度降低,产生的氧化物污染水质,覆盖电极,造成膜电极的失效。因此,集电器稳定是电解池长寿命工作的保障。双极板是膜电极组件、集电器的支撑,阳极板的腐蚀与阳极集电器相同,阴极板的腐蚀与阴极集电器相同,腐蚀的效果除了增加电阻导致电化学性能降低外,还将导致材料力学性能的降低,在高压水电解器中将产生安全问题。质子膜在电解过程中也易发生降解。因此,电解器防护对于电解器的稳定长期运行十分必要。不过,临近空间再生燃料电池中涉及的电解器防护技术与针对空间飞行器应用的相关技术基本相同,而该技术已在空间飞行器中应用,并通过数月的试验考核,在开发临近空间再生燃料电池系统时可直接借鉴。

3）电解器设计、加工与集成技术

电解器设计、加工与集成技术包括有 5 个下级技术,分别是电解器流场设计技术、极板及集电器轻量化加工技术、电解池密封技术、温度适应性技术、电解池集成技术。

水电解器工作时,需要将电解的水通过双极板中的流道均匀输送到膜电极表面,电极上产生的气体也需通过流场板中的流道及时排出,同时电解产生的废热随电解质及产物排出。因此,双极板上的流道是否设计合理关系着水电解器的性能与长寿命。同时,双极板轻量化是影响电解器功率质量比的关键之一。双极板位于电解池的最外侧,与外部密封件连接,内侧与集电器相连接,是电解池的支撑,能否在轻量化薄型双极板上加工出设计的流道,实现水和气体在流道中均匀、通畅地输入、输出,对于电解器能否性能稳定地长期工作至关重要。

密封是为电解器提供正常的工作环境,也是电解器安全的保障,包括电解池内部阴极室与阳极室的密封以及电解池内部与环境的密封。当温度变化时,电解池内各种材料热膨胀系数的差异会影响密封处的紧密接触,对性能产生影响,甚至带来安全隐患。要保障电解器适应温度的变化,必须使电解器的密封压力不随温度变化,即需要温度补偿结构实现这一功能。温度补偿装置位于水电解器的端盖一侧,与电解器集成的螺栓、螺母组合成一体。通过弹性的元件实现位移的变化,适应温度变化所产生的热胀冷缩。

2. 燃料电池模块技术

燃料电池模块是由一个或数个燃料电池堆与分配板,通过特定的结构集合合成。电池堆是由多节单电池按照一定组装力和连接结构组装而成,其由端板、集流板、双极板、膜电极所组成,由共用管路向各节单电池供气。燃料电池模块技术结构如图 4 - 38 所示。

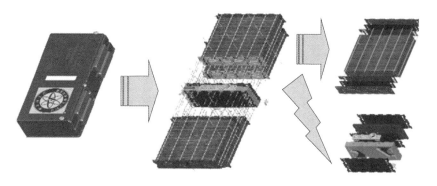

图 4 - 38　燃料电池模块技术结构示意图

其技术分解由三级组成,第一级为燃料电池模块技术,在再生燃料电池系统中,它的功能是夜间发电,是构成再生燃料电池系统的关键一环,是再生燃料电池的核心技术。第二级有 3 项,分别是高效一体式膜电极技术、轻质双极板技术和电池堆集成设计技术。第三级包含 16 项技术。

1）高效一体式膜电极技术

膜电极是燃料电池中化学反应的场所。位于膜电极中间的膜将电极分为阴极和阳极,阴、阳极分别发生氧气还原和氢气氧化反应,膜负责将阳极产生的氢质子传递到阴极。电极中的贵金属是催化电化学反应发生的催化剂。膜电极作为燃料电池的核心部件,其效率直接影响燃料电池的输出性能。

该技术又包含 3 项下级技术:高活性催化剂技术、高强度复合膜技术和高性能电极技术。

催化剂是膜电极的活性组分,负责催化氢氧气的电化学反应,决定了电化学反应的速度。阳极氢气在催化剂表面被催化氧化为氢质子并释放电子,阴极氧气在催化剂表面被催化还原为氧离子。目前应用于燃料电池中最有效、最成熟的催化剂为 Pt/C 纳米粉粒,这种催化剂已有商业化的产品。

膜位于膜电极的中间,将电极分为阴极和阳极,在反应过程中将阳极的质子传递到阴极。膜决定电池的开路电压和电阻,其稳定性也影响电池的寿命。

电极是指膜电极两侧除膜以外的部分,是氢氧化和氧还原反应的场所,由催化层和扩散层组成,催化层中含有催化剂、离子交换树脂和微孔,催化剂和离子交换树脂以浆料的形式混合在一起并涂覆在膜上。电极应具有良好的气体传输通道、质子传导率和电子传导率,以形成有效的三相界面。电极的制备工艺和结构设计将影响催化剂的利用率和气体传输过程,进而影响电池输出性能。

2）轻质双极板技术

双极板在燃料电池中起着分配燃料和氧化剂、实现单片电池之间的电连接、从活性区域带出废热、防止气体和冷却剂的泄漏以及促进电池中的水管理等功能。电池运转时,反应气进入双极板表面的流场,均匀分配到膜电极的表面进行反应,反应产物水进入流场随着尾气排出,同时双极板中间还流通着冷却水。传统的双极板占燃料电池模块重量的 80%,设计开发轻质的双极板,有利于提高电池的比功率。

双极板技术又包括 3 项下级技术:双极板材料改性与制备技术、高均一性流场结构技术和高效排水流场技术。

（1）双极板材料改性与制备技术。因轻量化要求，采用新型轻质材料作为双极板材料，但其原始材料的表面特性不能满足燃料电池的特殊运行环境，需要对材料进行表面改性，使其具有一定的强度、良好的导电性和耐腐蚀性，以及一定的亲疏水性。

（2）高均一性流场技术。双极板两侧的流场为气体提供流通通道，均匀地分配并向膜电极提供反应气。流场的构型设计将影响气体在面积方向上的分配阻力，进而影响气体在膜电极表面的分配均一性。

（3）高效排水流场技术。电池运行产生的水会从膜电极内部排出到流场中，流场中的产物水必须得以有效地移除，否则将影响电池堆的稳定性和寿命。通常进入流场的水将随着反应尾气排出电池堆。高效排水的流场结构设计包括了流场材料的表面改性以及流场的结构设计。其中表面改性主要是调整材料表面的亲疏水性，结构设计则是通过计算机模拟仿真液态水在流场中的移动情况，进而进行设计改进。

3）电池堆集成设计技术

电池堆由多节单电池按照一定组装力和连接结构组装而成，其由端板、集流板、双极板、膜电极所组成。电池堆的集成将影响电堆输出性能的均一性，合理的电池堆集成设计，可以缓解电池性能与位置关系的依赖度，可以降低流体分配对部件加工、组装过程中误差的敏感度。

电池堆集成设计技术又包括4项下一级技术：氢氧水均一性分配技术、轻质端板技术、密封结构技术和多模块集成设计。

（1）氢氧水均一性分配技术。燃料电池反应过程包含了氢气、氧气、水等多种介质传递和分配过程，燃料电池堆中各节单电池之间需保证均匀的气水分配，才能保证电池输出稳定的性能。通过对电池堆中向电池堆内部提供气体和排除尾气、产物水的共用管道进行设计，实现对电堆内部各单节电池中气体的均一性分配。

（2）轻质端板技术。端板位于燃料电池堆的两侧，与电堆最边缘的单电池连接，对边缘单池进行密封，以一定的紧配力对电池堆进行组装。降低端板的重量可以提升燃料电池堆的质量比功率。

（3）密封结构技术。电堆内部膜电极与双极板之间有气体和液体流通，因此必须对各节电池进行密封，以防止电堆内部气体向环境泄漏。密封结构也会影响各节单电池之间的均一性。

（4）多模块集成设计。模块的集成结构主要涉及模块内部一个或多个独立电池堆与分配板之间的集成结构,包括电堆的叠放方式、分配板结构设计等。燃料电池模块集成技术将影响整个模块的输出性能和一致性问题。

3. 再生燃料电池储能系统集成技术

对再生燃料电池储能系统进行总体设计,完成燃料电池、水电解器、储罐等分系统的总体集成。其技术分解由 3 级组成,其中第一级为再生燃料电池储能系统集成技术。第二级包含 4 项技术:电解分系统技术、发电分系统技术、环控分系统技术和测控分系统技术。第三级包含 16 项技术。

1) 电解分系统技术

电解分系统技术包括 4 项下一级技术:电解水供应管理技术、电解氢氧气压差控制技术、电解氢氧气低露点除水与储存技术、氢分离水回收技术。

电解水供应管理技术是为电解器持续提供一定压力的高纯水,涉及增压泵机组、水净化器等;电解氢氧气压差控制技术是在电解全过程中控制氢氧气压差在较低值,涉及系列阀门组件;电解氢氧气低露点除水与储存技术是利用外循环防冻液对电解后的高含水氢氧气进行高效冷却除水,然后直接充至储罐内,在此过程中保证输送管路及组件不结冰,涉及换热器和保温管路;氢分离水回收技术是将电解氢气、携带水回收使用,涉及系统水平衡及功耗大小。总体而言,4 项技术相对成熟,关键设计和部件性能均通过地面样机使用验证。

2) 发电分系统技术

发电分系统技术包括 5 项下一级技术:发电氢氧循环使用技术、发电全过程氢氧气压差控制技术、发电氢氧气加温加湿技术、脉冲排放氢氧气回收技术和发电冷却水供应管理技术。

发电氢氧循环使用技术是再生燃料电池系统总体集成设计技术中最为关键的技术之一,同时也是难点技术之一。以较低功耗和重量成本满足 $0 \sim 100\%$ 发电工况下燃料电池氢气、氧气循环量要求,直接影响燃料电池乃至系统的性能和可靠性。发电氢氧气加温加湿技术是通过加温器和加湿器使进入电池的氢氧气达到合适的温度(一般大于 60℃)和合适的湿度(一般相对湿度大于80%)。脉冲排放氢氧气回收技术是对氢氧气脉冲排放并为保证氢氧气利用率达到 99.5% 以上对排出的氢氧气进行回收。发电冷却水供应管理技术是为燃料电池持续提供冷却水并把生成水高效回收。上述技术会对燃料电池工作性能、安全性和系统功耗、水平衡水平以及可靠性产生影响,但这些技术中设计、使用的器件相对成熟。

3）环控分系统技术

环控分系统技术是针对临近空间环境,对再生燃料电池系统进行有效的温度控制,保证系统的环境适用性,同时还需控制环控分系统在系统总重和在燃料电池功率中的占比,这增加了技术难度。环控分系统技术也是再生燃料电池系统总体集成设计技术中最为关键的技术之一,涉及系统工作安全性、可靠性和能量密度、效率。它包括4项下一级技术:防冻液循环管理技术、系统涉水模块保温技术、风冷散热组件技术和环控分系统临近空间环境模拟试验技术。其中,防冻液循环管理技术是实现防冻液的增压供应循环,并为系统各使用对象提供不同温度要求的冷却、加温截止;系统涉水模块保温技术和风冷散热组件技术是以低重量和功耗成本实现涉水组件的保温防冻和系统废热向环境的耗散。

4）测控分系统技术

测控分系统技术通过对全系统参数以及状态实时测控,实现系统安全高效工作。它包括下一级技术:控制器技术、集成式电机驱动器技术和小型化单体电压巡检仪。

国内从事临近空间飞行器用再生燃料电池系统相关技术的研究单位主要有中国航天员科研训练中心、中国航天科技集团公司六院、中国科学院大连化学物理研究所和哈尔滨工业大学。这些研究单位联合研制了12kW临近空间氢氧燃料电池能源系统地面样机,突破了高压大容量氢氧储罐(35MPa/260L)以及高能量密度系统集成等关键技术,系统总储能420kW·h、比能量546W·h/kg、效率51.9%(图4-39)。

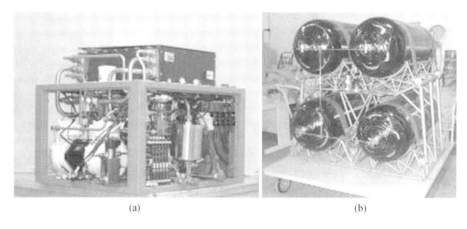

(a)   (b)

图4-39　12kW氢氧能源系统地面样机及其35MPa/260L储罐

第 5 章

新一代能源技术

5.1 钙钛矿太阳电池技术

近年来,新型钙钛矿太阳电池由于其转换效率高、制备成本低,引起光伏领域的极大关注,已经成为国内外研究的热点方向。2013 年,著名学术期刊 *Science* 杂志评选钙钛矿太阳电池为年度"国际十大科技突破"之一。2019 年,单结钙钛矿太阳电池的认证效率已经达到 25.2%(图 5–1),钙钛矿/晶体硅双结叠层也已经突破 28% 。自 2009 年钙钛矿电池发明以来,钙钛矿电池的转换效率在 10 年时间内超越大部分传统薄膜电池,媲美商业化晶体硅。

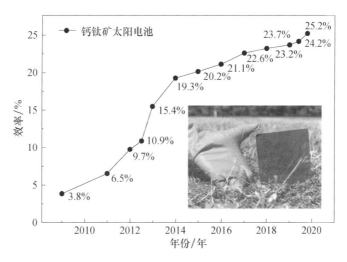

图 5–1 钙钛矿太阳电池效率发展历程

钙钛矿太阳电池是从传统染料敏化太阳电池体系中衍生出的一种新型太阳电池,其得名源自该电池中的重要光吸收材料——有机金属卤化物具有钙钛矿型晶体结构(ABX$_3$,图5-2)。A代表有机阳离子,如CH$_3$NH$_3^+$、HC(NH$_2$)$_2^+$等;B代表二价金属离子,如Pb^{2+}、Sn^{2+}、Ge^{2+}等;X代表卤素离子,如Cl$^-$、Br$^-$、I$^-$等。有机金属卤化物钙钛矿材料不仅具备优异的光电物理特性,包括禁带宽度窄、光吸收系数高、辐射效率好、光子可循环、光生激子束缚能相对较低、载流子迁移率高且扩散距离长、具有双极性电荷传输等优点,而且具有可溶液制备的重要特征[42-45]。经历近10年的发展(表5-1),刚性单结钙钛矿电池效率从3.8%迅速提升到25.2%,媲美晶体硅太阳电池与第二代薄膜太阳电池CdTe、CIGS等几十年的发展[46,47]。钙钛矿太阳电池不仅在刚性衬底上取得重大进步,其柔性化也在飞跃发展过程中。2013年,科学家采用电化学制备方法首次报道柔性钙钛矿太阳电池,初始效率仅2.6%[48],通过6年时间的发展,柔性钙钛矿太阳电池取得了一系列的突破,其器件效率快速逼近20%[49]。目前,柔性钙钛矿太阳电池因效率高、成本低且制备工艺简单,已成为光伏行业最具颠覆性的竞争者之一,是国际高科技产业竞争研究的焦点。

柔性钙钛矿太阳电池因其轻质、高效、可塑性强,以及单位重量功率高和出色的抗辐射能力,可作为临近空间低速飞行器的下一代太阳电池备选技术方案之一。

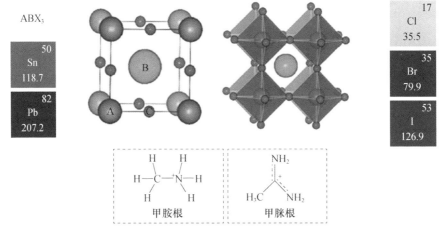

图5-2 有机金属卤化物钙钛矿材料的晶体结构

表 5 - 1　钙钛矿太阳电池国内外转换效率提升技术

年份/年		研发单位	效率/%	技术特点
国外	2009	日本桐荫横滨大学	3.8	首次将钙钛矿材料 $CH_3NH_3PbI_3$ 应用到太阳电池中
	2012	韩国成均馆大学	9.7	首次引入螺二芴化合物作为固态空穴传输层替代液体电解质
	2013	瑞士洛桑联邦理工学院	14.1	采用两步法制备 $CH_3NH_3PbI_2$ 的工艺,改善薄膜形貌
	2013	英国牛津大学	15.3	采用气象沉积法制备了均一性钙钛矿 $CH_3NH_3PbI_3$ 薄膜
	2013	韩国化学科技研究院	16.7	采用修饰 Spiro - OMeTAD 后的空穴传输材料 po - Spiro - OMeTAD
	2014	澳大利亚莫纳什大学	17	用气流辅助成膜法形成单晶钙钛矿薄膜
	2014	韩国化学科技研究院	17.9	开发新型空穴传输材料
	2014	美国斯坦福大学	18.6	钙钛矿与铜铟镓硒双结电池
	2014	瑞士洛桑联邦理工学院	18.9	钙钛矿与染料敏化双结电池
	2014	美国加州大学洛杉矶分校	19.3	通过 PEIE 修饰 ITO 功函数;TiO_2 掺杂铱后,其电子传输能力增强
	2014	韩国化学科技研究院	20.1	
	2016	美国再生能源国家实验室	22.1	
国内	2014	华南理工大学	15.0	引入阴极修饰材料 PN_4N,改善薄膜结构和界面工程
	2014	北京大学	15.1	碳酸铯修饰 ITO,免致密层(电子传输层)
	2014	华中科技大学	15.6	全印刷工艺,碳对电极,稳定性好
	2014	苏州大学和浙江大学	15.9	控制界面材料
	2014	武汉大学	16.02	高温烧结二氧化钛,平面结构
	2014	华中科技大学	16.1	优化钙钛矿和空穴传输层制备工艺

　　但是,要应用于临近空间低速飞行器,钙钛矿柔性太阳电池还面临相当大的挑战,有待进一步研究和突破,其面临的主要问题包括:①虽然钙钛矿太阳电池中的光吸收材料不会因温度变化而发生相变,杂化钙钛矿材料在 $-112 \sim 57$ ℃范围内可保持具有良好光伏性能的正交相,但对于太阳电池中的电荷传输材料和电极

材料,其低温条件下的性能还有待探讨。②钙钛矿太阳电池要达到较高的光电转换水平,还需要在材料结构和生长机理等方面解决相应技术难题。③该类型电池还停留在实验室水平,距离批量化应用还有相当的难度,主要难点是钙钛矿材料在空气中容易吸收水分发生氧化,导致电池失效,因此,一方面需要从材料本身特性入手改善钙钛矿材料的稳定性,另一方面需要在电池封装过程隔离水蒸气,这都增加了工业化生产的难度。

5.2 锂空气电池技术

锂空气电池是一类电极活性物质(氧气)直接来源于周围环境而无须储存于正极材料结构内部的电池体系。锂空气电池是目前已知的具有最高理论能量密度的电池体系(图5-3)。2007年4月举行的美国基础能源科学研讨会上有关电气储能的报告中就已指出,锂空气电池系统"可能代表了达到液态烃燃料的能量密度的几种可行的方法之一"。对于临近空间飞行器而言,如此高能量密度的储能电池技术是值得关注的。2008年5月,美国DARPA投资研制用于太阳能飞行器储能系统的高能量密度、长放电时间的锂空气电池以及高能量密度和高功率的锂空气/锂离子混杂电池系统。

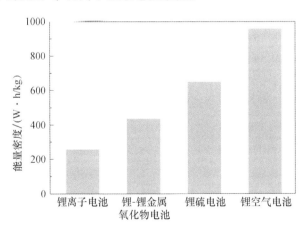

图5-3 不同电池体系质量能量密度对比

相比于目前的电池体系,锂空气电池具有以下优势:①锂空气电池采用空气中的氧气作为电极活性物质,无须在整个电池结构中储存电极活性物质,降低了电池的整体重量;②锂空气电池具有极高的质量能量密度,计算表明锂空气电池的理论质量能量密度为 10000mA·h/g(不含空气);③相对于现有锂离子电池体系,由于电极反应速率的限制以及活性物质氧不在电池内部存储,不会出现内短路及过充问题,因此,锂空气电池具有更高的安全性。

在现有研究阶段,根据应用于锂空气电池中的电解液种类,锂空气电池可分为如下 4 种体系结构(图 5-4):非水锂空气电池、水体系锂空气电池、混合式锂空气电池及固态锂空气电池。其中,对于水体系和混合式锂空气电池,为了防止金属锂与水的剧烈反应导致电池安全性问题,两种电池体系中必须引入可有效隔绝水同时又具有锂离子传导性能的锂保护层。锂保护层的引入导致了电池结构复杂性的大幅增加,同时电池潜在的安全隐患也使上述两种结构在现阶段并不能作为锂空气二次电池的基本结构模式。对于固态锂空气电池,由于目前既具有较高离子电导率水平,又能在空气中稳定存在的固体电解质种类相对较少,同时对于 O_2 在固态电解质与多孔电极界面处的反应历程仍未有相对明确的结论,导致目前全固态锂空气电池的研究进展相对缓慢。

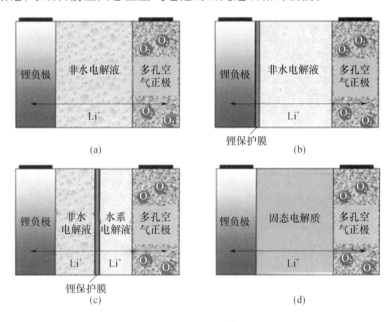

图 5-4　锂空气电池体系结构
(a)非水锂空气电池;(b)水体系锂空气电池;
(c)混合式锂空气电池;(d)固态锂空气电池。

相对于其他三种电池体系结构,非水锂空气电池由于具有结构简单、电极反应可逆的优点,自 1996 年问世以来得到全世界研究人员的广泛关注。

非水锂空气电池的工作原理是:在放电过程中,锂负极首先通过电化学氧化反应生成锂离子,继而锂离子与电子分别通过电解液与外电路扩散/迁移至正极。在空气电极一侧,溶解于电解液的氧气在多孔碳空气电极表面接受电子还原,并与锂离子结合生成 Li_2O_2 沉积于碳材料表面。具有电绝缘性质的 Li_2O_2 在电极表面的持续沉积,会阻塞氧气扩散通道和电荷传导通道进而致使电池放电终止。充电过程中,放电产物 Li_2O_2 在一定的氧化电位下进行电荷转移,通过氧化分解生成锂离子并释放氧气,从而实现整个电池的可逆循环。

自 1996 年 Abraham 等采用凝胶聚合物电解质体系研制出第一个锂空气电池[50]开始,锂空气电池就得到世界各主要研究机构的关注,包括美国阿贡国家实验室、美国陆军实验室、日本 AIST 公司等,其中 IBM 公司还基于锂空气电池技术,提出了著名的"Battery 500"计划。目前,该领域的研究工作主要集中在高稳定性电解液体系优化、高容量空气电极、高活性催化剂的设计与制备、高循环稳定性金属锂负极改性等方面。例如,在适用于锂空气电池电解液的研究方面,圣安德鲁斯大学的 Peter Bruce 等于 2011 年首次发现在锂离子电池电解液中广泛使用的碳酸酯类溶剂在锂空气电池工作过程中会发生分解[51],并导致电池性能迅速衰退,随后一系列对锂空气电池反应中间产物具有较好稳定性的系列溶剂,如乙二醇二甲醚[52]、四甘醇二甲醚[53]、二甲基亚砜[54]、N,N 二甲基甲酰胺[55]等被相继提出,有效改善了电池的工作稳定性。在空气电极和催化剂研究方面,随着研究人员对电池充放电过程基本原理研究的不断深入,具有微/介孔复合结构的多孔材料成为高放电容量正极材料的代表。例如,麻省理工学院研制的纳米碳纤维空气电极的首次放电容量可达到 $7100mA \cdot h/g$[56],N 掺杂的石墨烯/碳纳米材料在 500mA/g 放电倍率下,电极的放电容量超过 8500mA $\cdot h/g$[57],而悉尼大学研制的平均孔径在 250nm 的多孔石墨烯材料,其放电容量在 200mA/g 倍率下更是接近 $30000mA \cdot h/g$[58]。与高容量多孔材料相对应,锂空气电池中催化剂的研究主要目的在于解决电池在充电过程中过高的过电势,提高电池的循环效率。目前,应用于锂空气电池的催化剂种类十分繁多,包括贵金属[59,60]、过渡金属氧化物[61-66]等,而新近的一种称为氧化还原媒介(Redox - Mediator,RM)的可溶性催化剂正逐步得到研究人员的关注[67-69]。与传统固体催化剂不同,这种催化剂可溶解于锂空气电池的电解液中,在充电过程中可与电极上的放电产物始终保持充分接触,以实现高效催化目的。例如,在采用四硫富瓦烯作为 RM 的锂空气电池中,电池的充电电压从不采用催化剂时的 3.9V 降低到了 3.4V[67],而在含有 2,2,6,6 - 四甲基哌啶 - 1 - 氧自由基这种 RM 的锂空气电池中,电池的充电电压同样由 4.0V 左右下降到了 3.7V[68],体现了极富前景的应用潜力。

除了上述针对锂空气电池各部分关键材料的基础性研究之外,锂空气电池的实用化研究工作同样得到了广泛的关注,其重点需要解决的问题是电池在实际复杂空气环境下的稳定工作问题。2018 年,美国阿贡实验室的研究人员以离子液体/二甲基亚砜为电解液,同时在金属锂表面覆盖一层锂碳酸酯类化合物作为保护层,在降低电解液体系副反应发生的同时也有效隔绝了金属锂同空气中水、二氧化碳之间的化学反应,成功地将锂空气电池在实际空气下的循环次数提升到了 700 次[70],为锂空气电池的工程化奠定了坚实的基础。

国内关于锂空气电池技术的研究起步较晚,大多数集中在锂空气一次电池的相关基础研究,主要集中于复旦大学、武汉大学、国防科技大学等研究机构,研究工作包括:Li 金属阳极的保护、电解质体系的研制、空气阴极结构的优化、锂空气一次电池组装技术、锂空气二次电池探索研究等,但总体制备技术及基础研究水平相对较弱。

虽然具有潜在的广阔应用前景,但非水锂空气电池在其实用化进程中还面临着挑战,这些挑战主要来自于电池在充放电过程中低下的放电容量和能量效率,以及循环性能的快速衰减。虽然目前在电极材料、催化剂以及电解液体系等方面的研究成果,对突破锂空气电池的应用瓶颈起到了较大的推动作用,但仅从实验室的研究结果来看,锂空气电池在综合使用性能指标的全面满足方面,甚至在倍率性能、安全性能、环境适应性等单一指标方面,都远未达到实用化的要求。

为克服上述困难,未来锂空气电池的发展必须综合依靠基础研究和工程化研究两方面的努力。在现阶段,根据电池工作过程,明确电池各反应历程中界面电荷转移、物质输运、材料结构演变等特性的基础性研究工作,仍是锂空气电池研究领域的重点,而需要关注的问题大致包括以下三个方面:

(1) 反应机理问题。虽然目前关于锂空气电池反应机制的探讨相比于研究初期,无论在研究深度和研究广度方面都有了长足的进步,但仍需要进行更细致的研究分析,尤其是对一些关键物质和反应过程(例如,超氧根分子与溶剂分子形成的过渡态结构、氧气在电极表面的吸附态结构、超氧根分子在电极表面的转化过程)的热力学、动力学参数进行精确计算与测量。这对于后续电解液体系选择,空气电极结构设计及表面性质调控等工作,都具有基础性的指导作用。

（2）过氧化锂的结构、物化性质的演变过程。作为锂空气电池放电过程的产物和充电过程的反应物，过氧化锂的物相状态、在电极表面的分布情况对电池容量、倍率以及循环性能具有决定性的影响，因此必须结合反应机理中的相关研究成果，明确过氧化锂在电池工作过程中的结构演变以及物化性质的变化过程，同时确定不同结构性质的过氧化锂对电极电子输运、界面电荷转移、氧气吸附/释放等过程的影响机制。

（3）金属锂负极问题。作为以金属锂为负极的电池体系，锂空气电池同样面临其他锂金属电池中的锂负极枝晶问题及其造成的安全性问题。除此之外，考虑到后续的实际使用，锂空气电池还必须解决金属锂在敞开环境下与空气中水、二氧化碳的反应问题，因此如何获得既具有良好电化学反应活性，同时又具有极高稳定性与安全性的金属锂负极，也是锂空气电池实用化进程中必须克服的关键问题。

5.3 一体式再生燃料电池技术

可再生燃料电池（RFC）系统由水电解（WE）组件和燃料电池（FC）组件构成。根据系统中 FC 和 WE 两个功能部件的不同组合，RFC 可以分为以下 3 种形式[71]：①分开式。RFC 的能源可逆转换系统由分开的两个单元组成，分别承担 FC 功能和 WE 功能，RFC 运行时，两个单元轮流工作以分别起到对外供电和储能的作用。②综合式。RFC 的能量可逆转换系统由一个单元组成，其中分割成两个分别实现 FC 功能和 WE 功能的组件，两个组件轮流工作以起到对外供电和储能的作用。③一体式。一体式再生燃料电池（URFC）的 FC 功能和 WE 功能由同一组件来完成，即执行 FC 功能时，URFC 实现氢氧复合并对外输出电能；执行 WE 功能时，URFC 在外加电能的条件下将水电解成氢气和氧气达到储能的目的。URFC 使用双功能组件不仅降低了 RFC 的成本，而且最大限度地降低了 RFC 的体积和重量，提高了功率密度和能量密度。

目前分开式和综合式的 RFC 已实现实用化，但因采用了独立的燃料电池和水电解池，不仅增加了 RFC 的成本和系统的复杂程度，而且降低了 RFC 的功率密度和能量密度。要将再生燃料电池应用于临近空间飞行器或空间飞行器，开发将 FC 和 WE 两个功能由同一双功能组件来完成的一体式可再生燃料电池是必然趋势。

一体式可再生燃料电池的工作分两种模式：燃料电池模式和水电解模式，

其反应过程如图 5 – 5 所示。

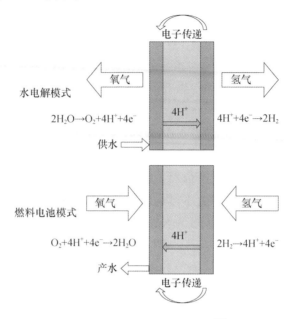

图 5 – 5 URFC 燃料电池原理[71]

评价 URFC 的重要参数[71]主要为燃料电池和水电解池的电压效率、电流效率和 URFC 的充放电循环效率。URFC 的电压效率为

$$\varepsilon_{\text{FC}} = U_{\text{FC}}(i)/1.23\text{V} \tag{5 – 1}$$

$$\varepsilon_{\text{WE}} = 1.23\text{V}/U_{\text{WE}}(i) \tag{5 – 2}$$

$$\varepsilon_{\text{URFC}} = \varepsilon_{\text{FC}} \cdot \varepsilon_{\text{WE}} = U_{\text{FC}}(i)/U_{\text{WE}}(i) \tag{5 – 3}$$

式中：ε_{FC} 为燃料电池的电压效率；ε_{WE} 为水电解池的电压效率；$\varepsilon_{\text{URFC}}$ 为 URFC 的充放电循环电压效率；$U_{\text{FC}}(i)$ 为燃料电池的工作电压；$U_{\text{WE}}(i)$ 为水电解池的工作电压。1.23V 为氢气和氧气通过电化学反应生成水的标准平衡电位。

燃料电池和水电解池的电流效率为

$$I_{\text{eff}} = (I_{\text{cell}} - I_{\text{diff}})/I_{\text{cell}} \tag{5 – 4}$$

式中：I_{cell} 为燃料电池或水电解池的电流密度；I_{diff} 为燃料电池或水电解池气体渗透损失的电流密度。气体渗透损失的电流密度可根据经验公式得到。

20 世纪 90 年代，在 NASA 等机构的资助下，美国劳伦斯利弗莫尔国家实验室（LLNL）进行了 URFC 的研究，在 1996 年成功开发了 50W 的 URFC[72]。该电池单池面积 46cm²，循环次数超过 2000 次，能量衰减小于 10%。在 NASA 和美国电力研究所（EPRI）的支持下，Proton Energy System 公司从 1998 年开始研发

URFC[73]，研制的 URFC 性能超出 LLNL 的 URFC。目前 URFC 的制造商不多。我国 URFC 的研究相对滞后，中国科学院大连化学物理研究所和上海空间电源研究所是国内为数不多开展相关研究的单位。2011 年，上海空间电源研究所完成百瓦级 URFC 的研制[74]，电流密度为 500mA/cm² 时，URFC 电池堆充放电循环电压效率为 51.5%，在 100h/20 次的 FC/WE 双模式循环试验中，URFC 电池堆性能衰减平均为 1.7%。

目前，URFC 的能量利用率（小于 60%）较二次电池能量利用率（大于90%）明显偏低，能量利用率还需提高。因依靠一套系统完成双向可逆氧化还原反应，URFC 系统的开发难度很大。目前，存在的主要技术问题[74]包括：①氧的双向电化学反应具有高度的不可逆性，需要开发对氧还原反应（FC 模式工作）和氧化反应（WE 模式工作）的双效氧电极催化剂；②FC 和 WE 循环中，新生态氧对双极板、气体扩散层材料和膜电极组件等产生很强的腐蚀作用，导致极板腐蚀、膜电极分层、气体扩散层孔结构和孔分布被破坏。因此，如何选择双效氧电极催化剂，耐腐蚀材料、高稳定性双效膜电极制备工艺成为 URFC 电池堆的技术难点。

除此以外，完整的 URFC 系统还包括氢气、氧气和水的存储装置以及水气热的综合管理。其中，存储装置直接影响电池的容量和质量能量密度，水气热管理关系着整个系统正常运行，且水气热相互影响。因此，轻质耐高压长寿命存储罐的开发研制和高可靠水气热综合管理技术也是需要解决的关键技术问题。

5.4 无线能源传输技术

无线能源传输是指通过发射器将电能转换为其他形式的中继能量（如激光、微波等），把中继能量输送到指定的区域后，再通过接收器将中继能量转换为电能，实现无线的电能传输。无线能源传输技术的发展不仅为临近空间飞行器的能量来源带来了新的外部补给渠道的可能，还可能推进临近空间飞行器应用向临近空间太阳中继电站领域拓展。

无线能源传输技术的源起是 1968 年 Peter Glaser 博士在 *Science* 发表了名为"Power from the Sun：It's Future"的文章，基于当时的航天和微波输能等技术提出了空间太阳能电站（Solar Power Satellite，SPS）的构想，就是将大型的 SPS 设备运送到地球同步轨道，用收集来的太阳能转化成微波能量输送回地球。微波无线输能（微波无线能量传输）作为 SPS 系统中的一个关键技术在整个系统中起着重要作用,它决定了是否可以把空间收集的太阳能顺利、高效地送回地球。1963 年,美国雷声公司的 Brown 在室内完成了第一个系统的微波无线能量传输实验,这个微波输能史上的里程碑事件,极大地促进了美国及其他各国对于微波无线能量传输的研究。

20 世纪 70 年代美国进行了一系列的微波能量传输实验,1975 年美国雷声公司在实验室中利用线极化的微波发射天线辐射了 1kW 的能量,接收端输出了 495W 的直流电,总体效率接近 54%。第一次获得了微波输能的 DC - DC 50% 以上的效率。同年,美国喷气推进实验室在其 Venus 射电天文观测站进行了距离为 1mile(1.6km) 的微波输能验证试验。该试验利用直径 26m 的射电天文望远镜作为微波发射天线,接收天线为 3.4 m × 7.2 m 的整流天线阵列。发射端由速调管产生并发射了 450kW 的 2.388GHz 微波,整流天线上的最大功率密度为 172mW/m^2,整流天线效率为 82.5%,最终输出了 30.4kW 的直流电能。

在 1980 年,美国停止关于 SPS 的研究,结论是:技术上可行,经济上无法承受。1995 年,NASA 成立专门的研究组对建立空间太阳能电站的设想进行研究,又开展了"重新审视"(fresh look study)的计划,并提出了 Sun Tower 设计方案。Sun Tower 模型是用菲涅尔透镜把太阳光反射到太阳能电池收集太阳光能量,以减小太阳能电池的尺寸,进而减轻整个设备的重量。Sun Tower 模型中每个菲涅尔透镜直径为 50 ~ 60m,有 15km 长的桅杆将它们连接起来并把电能输送到直径 150 ~ 250m 的天线上,工作频率为 5.8GHz,地面整流天线直径为 4km。

在 1999—2000 年,NASA 又开展了"空间太阳能的探索研究和技术计划(SERT)",提出了"集成对称聚光系统"的设计方案,并提出了 SPS 未来发展的路线图。目标是发射全尺寸的 SPS 可用于商业应用的空间太阳能电站,随着发射成本的降低,将最终在 2050 年发射一个超大尺寸的、功率大于 10 GW 的 SPS 平台。

欧洲航天局在 20 世纪 90 年代开始 SPS 的研究,基于美国设计的 Sun Tower,2001 年提出了航行塔太阳能卫星电站的概念。该系统计划采用太阳帆电池收集太阳能发电,每个太阳帆电池尺寸 150m × 150m,发射到轨道之后自动展开,帆上的能量通过中心绳传输给天线,以微波作为能量传输的方式,使用磁控管作为微波源,频率为 2.45GHz。

日本在 20 世纪 80 年代初就开始了 SPS 及其相关技术的研究。1992 年,日本 NEC 公司开发了一种"海岸警戒飞机",该飞机由微波能量驱动飞行,可以实现长时间留空观察。在 NEC 公司对该警戒飞机的试验中,微波能量由安装在汽车顶上的微波发射天线用 2.411GHz 的微波辐射到空中,飞机利用机身上的整流天线接收整流以获得持续飞行的动力。试验结果表明,在飞机飞行高度为 10～15m 的范围内,车载微波源产生并发射了大约 1.25kW 的微波能量,飞机的接收效率为 10% 左右。日本对空间太阳能电站 SPS 技术也投入相当大的热情。从 2000 年开始日本就陆续提出了 SPS2000、SPS2001、SPS2002、SPS2003、USEF 等 SPS 不同的设计方案,其中 SPS2001、SPS2002、SPS2003 这三个方案,计划使用 5.8GHz 的微波进行传输。2009 年,日本又就无线功率传输和空间太阳能发电卫星 SPS 规划提出三步走的发展计划。日本目前正处在第一步和第二步交替的研究中。该发展计划进一步明确日本将实施发射和测试一个 10～250MW 发电能力的太阳能板,完成微波无线能量传输实验,并在 2030 年开始运行轨道的太阳能卫星电站系统。

我国也已开展了大功率器件、天线、整流电路等关键技术研究并积累了许多经验。2015 年,中国航天科技集团公司 508 所与北京应用物理与计算数学研究所合作,提出了针对其他方式无线传输通道构建的新型技术方案,并通过建立模型和仿真,实现了该技术的全过程模拟,可以从原理机制层面克服大气分子对能量的消耗,有望大幅提高无线能量传输系统的效率。

然而,对于航天器无线能量传输系统的研究在临近空间领域没有相关技术渗透,包括系统设计、关键单机、研制流程、试验方法等在内的很多环节没有可借鉴经验,还需要突破临近空间无线能量传输系统一次电源母线技术、微波激励源、微波发射天线、整流天线等关键技术瓶颈,实现中等距离一定功率下的能量传输,掌握临近空间无线能量传输系统的设计方法和系统集成验证技术,使临近空间飞行器间微波无线能量传输技术逐步从理论研究转变为实际应用。

参考文献

［1］张为华,汤国建,文援兰,等.战场环境概论［M］.北京:科学出版社,2013.

［2］侯中喜,杨希祥,乔凯,等.平流层飞艇技术［M］.北京:科学出版社,2019.

［3］JPL/Caltech Airship Workshop. Lockheed Martin Lighter – Than – Air Programs［R］. Keck Institute for Space Studies,2013.

［4］Oliveria F A,Lourenco F C. High – Altitude Platforms – Present Situation and Technology Trends［J］. Journal of Aerospace Technology Management,2016,8(3):249 – 262.

［5］Smith S,Fortenberry M. HiSentinel80:Flight of a High Altitude Airship［C］//11th AIAA Aviation Technology,Integration,and Operations(ATIO)Conference,Virginia Beach,USA,September 20 – 22,2011.

［6］Androulakakis S P,Judy R A. Status and Plans of High Altitude Airship(HAATM)Program［C］// AIAA Lighter – Than – Air Systems Technology(LTA)Conference,Daytona Beach,USA,March 25 – 28,2013.

［7］Chessel J P. Stratobus^{TM}［R］. Cannes:Thales Alenia Space,2017.

［8］Shunichi O,Noboru S. R&D Status of RFC Technology for SPF Airship in Japan［C］// 9th Annual International Energy Conversion Engineering Conference,2011.

［9］Zhu X,Guo Z,Hou Z. Solar – Powered Airplanes:A Historical Perspective and Future challenges［J］. Progress in Aerospace Sciences,2014,71(2014):36 – 53.

［10］Noll T E,Ishmael S D,Henwood B,et al. Technical Findings,Lessons Learned,and Recommendations Resulting from the Helios Prototype Vehicle Mishap［R］. NASA Langley Research Center Hampton,2007.

［11］李智斌,黄宛宁,张钋.2018年临近空间科学热点回眸［J］.科技导报,2019,37(1):44 – 51.

［12］刘莉,曹潇,张晓辉,等.轻小型太阳能/氢能无人机发展综述［J］.航空学报,2020,41(3):623474 – 1 – 623474 – 27.

［13］鞠平,吴峰,金宇清,等.可再生能源发电系统的建模与控制［M］.北京:科学出版

社,2014.

[14] 高科,彭方涛,何小斌. 临近空间闭环能源系统拓扑架构及管理优化[C]//第三届高分辨率对地观测学术年会,2014.

[15] Yang X X,Liu D N. Renewable Power System Simulation and Endurance Analysis Forstratospheric Airships[J]. Renewable Energy,2017,113:1070 – 1076.

[16] Chapin D M,Fuller C S,Pearson G L. A New Silicon P – N Junction Photocell for Converting Solar Radiation into Electrical powr[J]. J. Appl. Phys. ,1954,25:676 – 677.

[17] Carlson D E,Wronski C R. Amorphous Silicon Solar Cell[J]. Applied physics Letters,1976,28(11):671 – 673.

[18] Tawada Y,Okamoto H,Hamakawa Y. a – SiC:H/a – Si:H Heterojunction Solar Cell Having More Than 7. 1% Conversion Efficiency [J]. Applied Physics Letters, 1981, 39 (3): 237 – 239.

[19] Catalano A,D'aiello R V,Dresner J,et al. Attainment of 10% Conversion Efficiency in Amorphous Silicon Solar Cells [C]// Conference Record of the IEEE Photovoltaic Specialists Conference,1982:1421.

[20] Fischer D,Dubail S,Selvan J A A,et al. The "Micromorph"Solar Cell:Extending a – Si:Hthchnology Towards Thin Film Crystalline Silicon [C]// Proceedings of 25th IEEE Photovoltaic Specialists Conference,1996:1053 – 1056.

[21] Yang J,Bancrjcc A,Guha S. Triple – Junction Amorphous Silicon Alloy Solar Cell with 14. 6% initial and 13. 0% Stable Conversion Efficiencies[J]. Applied Physics Letters,1997, 70(22):2975.

[22] John R Tuttle,Aaron Szalaj,James Keane,et al. A15. 2% AM0/1433W/kg Thinfilm Cu(in, Ga)Se2 Solar Cell for Space Applications[C]// 28the PVSC proceedings,2000.

[23] Basol B M,Kapur V K,Leidholm C R,et al. Flexible and Light Weight Copper Indium Diselenide Solar Cells on Polyimide Substrates [J]. Solar Energy Materials and Solar Cells,1996, 43(1):93 – 98.

[24] Tiwari A N,Krejci M,Haug F J,et al. 12. 8% Eifficiency Cu(In,Ga)Se2 Solar Cell on a Flexible Polymer Sheet [J]. Progress in Photovoltaics: Research and Applications,1999,7 (5):393 – 397.

[25] Bremaud D,Rudmann D,Bilger G,et al. Towards the Development of Flexible CIGS Solar Cells on Polymer Films with Efficiency Exceeding 15% [C]// Proceedings of Photovoltaic Specialists Conference(PVSC) ,31th IEEE,2005:223 – 226.

[26] Chang C,Davydov A,Stanbery B,et al. Thermodynamic Assessment of the Cu – In – Se Sys-

tem and Application to Thin Film Photovoltaics［C］// 25th PVSC,1996:849 – 852.

［27］ 熊绍珍. 太阳能电池基础与应用［M］. 北京:科学出版社,2009.

［28］ 李长健,乔在祥,张力. Cu(In,Ga)Se₂薄膜太阳电池研究进展［J］,电源技术,2009,33
 (2):77 – 80.

［29］ Robert F. Space Solar Cells With A Down – to – Earth Cost ［J］. SCIENCE, 2013,
 (339): 21.

［30］ TatavartirHillier G,Dzankovic A,et al. Lightweight,Low Cost GaAs Solar cells on 4 Epitaxial
 Liftoff(ELO) Wafers［C］//Photovoltaic Specialists Conference,2008. San Diego,CA:IEEE,
 2008:1 – 4.

［31］ 薛超,姜明序,等. 柔性砷化镓太阳电池［J］. 电源技术,2015,(39):1554.

［32］ Youtsey C,Adams R. et al. Epitaxial Lift – Off of Large – Area GaAs Thin – Film Multi –
 Junction Solar Cells［C］// CS MANTECH Conference,2012.

［33］ Eric Wesoff. Intersolar: Solexel Unstealths With Thin Silicon Solar［EB/OL］. https://
 www. greentechmedia. com/articles/read/intersolar – solexel – unstealths – with – thin – sili-
 con – solar

［34］ Smith D D,Cousins P J,Masad A,et al. SunPower's Maxeongen III Solar Cell:High Efficiency
 and Energy Yield ［C］// PhotovoltaicSpecialists Conference (PVSC),39th IEEE. Tampa,
 FL,USA: IEEE,2013: 0908 – 0913.

［35］ Hahn G. Statusofselectiveemittertechnology［C］// 25th European Photovoltaic Solar Energy
 Conferenceand Exhibition,2010.

［36］ Tarascon J M,Armand M. Issues and Challenges Facing Rechargeable Lithium Batteries ［J］.
 Nature,2001,414:359 – 376.

［37］ Daheron L. Electron Transfer Mechanisms Upon Lithium Deintercalation from LiCoO₂ to CoO₂
 Investigated by XPS ［J］. Chem Mater,2007,20(2):583 – 590.

［38］ Thackeray M M,Kang S H,Johnson C S,et al. Li₂MnO₃ – Stabilized LiMO₂(M = Mn,Ni,Co)
 Electrodes for Lithiumion Batteries ［J］. J Mater Chem,2007,17:3112 – 3125.

［39］ Diao Y,Xie K,xiong S,et al. Analysis of Polysulfide Dissolved in Electrolyte in Discharge
 Charge Process of Li – S Battery ［J］. J Electrochem Soc,2012,159(4):A421 – A425.

［40］ Bruce P G,Freunberger S A,Hardwick L J. Li – O₂ and Li – S Batteries with High Energy
 Storage ［J］. Nat mater,2012,11:19 – 29.

［41］ Ellis B L,Lee K T,Nazar L F. Positive Electrode Materials for Li – ion and Li – Batteries
 ［J］. Chem Mater,2010,22:691 – 714.

［42］ GreenM A, et al. The Emergence of Perovskite Solar Cells ［J］. Nat. Photonics, 2014,

8:506.

[43] MiyataA, et al. Direct Measurement of the Exciton Binding Energy and Effective Masses for Charge Carriers in Organic – Inorganic Trihalide Perovskites [J]. Nat. Phys,2015,11:582.

[44] Pazos – OutonL M, et al. Photon Recycling in Lead Iodide Perovskite Solar Cells [J]. Science, 2016,351:1430.

[45] LiF, et al. Recent Efficient Strategies for Improving the Moisture Stability of Perovskite Solar Cells [J]. J. Mater. Chem. A, 2017,5:15447.

[46] KojimaA, et al. Organometal Halide Perovskites as Visible – Light Sensitizers for Photovolta – Ic cells [J]. J. Am. Chem. Soc,2009,131: 60506051.

[47] NREL chart[EB/OL]. https://WWW. nrel. gov/pv/cell – efficiency. html(accessed August, 2019).

[48] Kumar M H, et al. Flexible, Low – Temperature, Solution Processed ZnO – Based Perovskite Solid State Solar Cells [J]. Chemical Communications,2013,49:11089.

[49] Huang K, et al. High – Performance Flexible Perovskite Solar Cells via Precise Control of Electron Transport Layer [J]. Adv. Energy Mater. ,2019,9:1901419.

[50] Abraham K M,Jiagn Z. A Polymer Electrolyte – Based Rechargeable Lithium/Oxygen Battery [J]. J Electrochem Soc. ,1996,143(1):1 – 5.

[51] Chen Y,Freunberger S A,Bruce P G,et al. Li – O$_2$ Battery with a Dimethyformamide Electro-lyte [J]. J. Am. Chem. Soc. ,2012,134:7952 – 7957.

[52] McCloskey B D,Bethune D S,ShelbyR M,et al. Solvents' Critical Role in Nonaqueous Lithi-um – Oxygen Battery Electrochemistry [J]. J. Phys. Chem. Lett,2011,2,1161 – 1166.

[53] Hun – GiJ,Hassoun J,Park J B,et al. An Improved High – Performance Lithium – Air Battery [J]. Nature Chem,2012,4:579 – 585.

[54] Peng Z,Freunberger S A,ChenY,et al. A Reversible and Higher – Rate Li – O$_2$ Battery [J]. Science,2012,337:563 – 566.

[55] Walker W,Giordani V,Uddin J,et al. A Rechargeable Li – O$_2$ Battery Using a Lithium Ni-trate/N, N – Dimethylacetamide Electrolyte [J]. J. Am. Chem. Soc. ,2013,135:2076 – 2079.

[56] Mitchell R R,Gallant B M,Thompson C V,et al. All – Carbon – Nanofiber Electrodes for High – Energy Rechargeable Li – O$_2$ Batteries [J]. Energy Environ. Sci, 2011, 4:2952 – 2958.

[57] Shu C Z,Li B,Zhang B S,et al. Hierarchical Nitrogen – Doped Graphene/Carbon Nanotube Composite Cathode for Lithium – Oxygen Batteries [J]. ChemSusChem, 2015, 8:3973 – 3976.

[58] Sun B,Huang X D,ChenS Q,et al. Porous Graphene Nanoarchitectures：an Efficient Catalyst for Low Charge – Overpotential,Long Life,and High Capacity Lithium – Oxygen Batteries [J]. Nano Lett. ,2014,14:3145 – 3152.

[59] Yang Y,Liu W,Wu N,et al. Tuning the Morphology of Li_2O_2 by Noble and 3d metals：A Planar Model Electrode Study for Li – O_2 Battery [J]. ACS Appl. Mater. Interfaces,2017,9: 19800 – 19806.

[60] Bondue C J,Reinsberg P,Abd – El – Latif A A,et al. Correction：Oxygen Reduction and Oxygen Evolution in DMSO Based Electrolytes：the Role of the Electrocatalyst [J]. Phys. Chem. Chem. Phys,2015,17:25593 – 25606.

[61] Oloniyo O,Kumar S,Scott K. Performance of MnO_2 Crystallographic Phases in Rechargeable Lithium – Air Oxygen Cathode [J]. J. Electron. Mater,2012,41:921 – 927.

[62] Ramchandra S K,Min – Seung C,Kwi – Sub Y,et al. Catalytic Characteristics of MnO^2 Nanostructures for the O_2 Reduction Process [J]. Nanotechnology,2011,22:395402.

[63] Zhang P,Wang R T,He M,et al. 3D Hierarchical Co/CoO – Graphene – Carbonized Melamine Foam as a Superior Cathode toward Long – Life Lithium Oxygen Batteries [J]. Adv. Funct. Mater. ,2016,26:1354 – 1364.

[64] Tang J,Wu S C,Wang T,et al. Cage – Type Highly Graphitic Porous Carbon – Co_3O_4 Polyhedron as the Cathode of Lithium – Oxygen Batteries [J]. ACS Appl. Mater. Interfaces,2016, 8:2796 – 2804.

[65] Liu Q C,Xu J J,Chang Z W,et al. Direct Electrodeposition of Cobalt Oxide Nanosheets on Carbon Paper as Free – Standing Cathode for Li – O_2 Battery [J]. J. Mater. Chem. A,2014, 2:6081 – 6085.

[66] Oh D,Qi J F,Han B H,et al. M13 Virus – Directed Synthesis of Nanostructured Metal Oxides for Lithium – Oxygen Batteries [J]. Nano Lett. ,2014,14:4837 – 4845.

[67] Chen Y H,Freunberger S A,Peng Z Q,et al. Charging a Li – O_2 Battery Using a Redox Mediator [J]. Nat. Chem. ,2013,5:489 – 494.

[68] BergnerB J,SchuermannA,PepplerK,et al. TEMPO：A Mobile Catalyst for Rechargeable Li – O_2 Batteries [J]. J. Am. Chem. Soc. ,2014,136:15054 – 15064.

[69] Feng N,Mu X,Zhang X,et al. Intensive Study on the Catalytical Behavior of N – Methylphenothiazine as a Soluble Mediator to Oxidize the Li_2O_2 Cathode of the Li – O_2 Battery [J]. ACS Appl. Mater. Interfaces,2017,9:3733 – 3739.

[70] Asadi M,Sayahpour B,Abbasi P,et al. A Lithium – Oxygen Battery with a Long Cycle Life in an Air – Like Atmosphere [J]. Nature,2018,555:502 – 506.

［71］宋世栋,张华民,马霄平,等. 一体式可再生燃料电池［J］. 化学进展,2006,18(10):
1375 – 1380.

［72］Mitlitsky F,Myers B,Weisberg A H. Regenerativefuel Cell Systems［J］. Energy & Fuels,
1998,12(1):56 – 71.

［73］Smith W. The Role of Fuel Cells in Energy Storage［J］. Journal of Power Sources,2000,86:
74 – 83.

［74］张新荣,张伟,王涛,等. 百瓦级一体式再生燃料电池堆研究［J］. 电源技术,2011,35
(7):795 – 798.